LIFE

回到餐桌
回到生活

蔡 颖 卿 著

北京时代华文书局

「如果一个人没有好好地吃，他必不能周全思考，好好去爱，也不能恬然入梦。」

——弗吉尼亚·伍尔夫 Virginia Woolf

能与不能，不是一个人的价值代表；
想或不想，却可以实际改变我们的生活质感。
我相信启动厨房魅力的永远是人——人无拘的心与万能的手，
因此设备再简单的厨房剧场，也会因为上戏的人认真投入，而发光、变暖。

Act in Your Kitchen, Back to Your Table

概念篇 *Conception*

目录
Contents

实作篇 *Practice*

目录
Contents

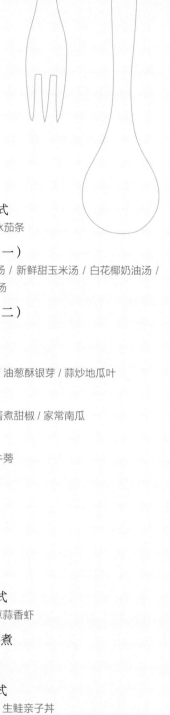

目录
Contents

出版缘起
Living的美好

认识蔡颖卿的人都知道，她对生活各个层面、细节，都有自己相信的价值，并且身体力行地去实践。如今，她将用一种新的方式，向我们叙述她对Living所相信的事情，所看到的美好。

大块文化出版公司董事长　**郝明义**

过去想到"修身""齐家"，都在"格物、致知、诚意、正心、修身、齐家、治国、平天下"这个语境之中。比较形而上，和道德、节操有关。

后来体会到，"修身""齐家"也可以是很具体的。"修身"可以是怎么注意自己的饮食与健康，怎么锻炼身体与整修仪容；"齐家"可以是怎么整理自己的家庭环境，怎么使家庭生活产生新的美感与乐趣。

我们推出Living这个系列，正是想从具体的层次来探索"修身"和"齐家"之道。一方面，Living有活着的意思，和"修身"有关；另一方面，Living也有生活的意思，正好和"齐家"有关。

所以，Living就是一个探索怎么让我们健康、有美感地活着、生活着的系列。

认识蔡颖卿女士的人都知道，她对生活各个层面、细节都有自己相信的价值，并且身体力行地去实践。我和她每次见面，不论是在三峡她一手设计、打造出来的工作室，还是台南她定期去辅导读书会的一家餐厅，抑或只是台北某个临时选择的咖啡店，场所不同，但她解释自己想要和大家分享的经验，描绘一些新的尝试和可能时，轻柔的语调中所透出来的坚定和热情，则始终如一。

由《回到餐桌，回到生活》开始，蔡颖卿在这个系列的著作，正是她在历时许久的准备后，用一种新的方式，向我们叙述她对Living所相信的事情、所看到的美好。

蔡颖卿的厨房美学

厨房一定有很多我不懂的玄机值得去探索，

而颖卿用剧场的观念来说、来写，让我也懂了。

但那更深远的魅力，得亲自去做，才体会得出，

我盘算着：哪天我也来照本宣科地做一两样菜试试吧！

洪建全教育文化基金会董事长　**简静惠**

初识颖卿是从她写的一篇《我想学会生活》这本书的序文，这么一位年轻——相对我的七十岁，颖卿五十岁是年轻，就已知在自己的生活中，找到价值且努力认真的践行者！接着她到基金会来举办新书发表会的演讲，那天我赶回来听，远远地看到她——纤弱的外表、细柔的声调，轻轻地"说"着，生活中的点滴片刻，淡淡却深刻地打在我心……

她说："我但愿与人沟通时，能经常想到自己省思中的'节制'：好好听别人说话，说真正想说的话，说有礼貌的话，不说本来不想说的话。"真是经典名言。之后我们谈了一些有关我的新书《宽勉人生》的内容。颖卿真是一个认真的人，做人如此，读书做事也是如此，她的感想，很独特也很精辟有创意，也因此而引发我们俩将一起对谈"另一种亲子关系——谈婆媳相处"的延续活动。

她将厨房用剧场的概念来诠释真的很特别！上剧场我是喜欢的，但是厨房我并不熟悉。年轻时我在大家庭里生活，我的婆婆很会做菜、料理家务，我没机会也不必要进厨房。儿子结婚后，难得我的媳妇也喜欢下厨，她的厨艺很好，每年我过生日，她都会亲自做几样菜请我及我的一两位好友品尝，颇获好评。可是这一阵子我的设计师儿子也开始热衷做菜了，每个周末我到他家去看孙女，媳妇忙着喂奶，他会围着围裙在厨房里忙着打蛋切葱，我则负责打杂……好奇怪的场面。

看着儿子"下海"当厨师，一副喜悦满足的样子，这或许也就是"过"生活的方式。

最近，我刚好在看《当下的艺术》（注），这是法国阳光剧团亚莉安·莫虚金的访谈记录。她说："戏剧提供娱乐，也有伦理与教育的功能……"，所谓剧场是提供沉思、了解与细腻情感的殿堂，是神奇的宫殿，可以在观众的内心激起极大的悸动。

在厨房中也能如此吗？

颖卿的厨房美学是以艺术的心情体验实作，她把饮食与生活、料理的过程细细记录下来，她要"知其然，更要知其所以然"，而让读者"在娴熟于基础后，也能创作出自己更深度而独具创意的剧场效果"，然后在落实的过程中印证。原来是这样的联结呀！

剧场是一切创作的起源——可以在短暂的时间里呈现成果，就如阳光剧团的"阳光"一般，在舞台上将我们的疑问转化成明亮的剧场。而厨房的艺术当然也可以，颖卿的这本书就将告诉我们，如何在这个空间"化腐朽为神奇"！

我想厨房里一定有很多我不懂的玄机值得去探索，而颖卿用剧场的观念来说、来写，让我也懂了。但那更深远的魅力，得亲自去做，才体会得出，我盘算着：哪天我也来照本宣科地做一两样菜试试吧！

注：《当下的艺术》，亚莉安·莫虚金、法宾娜·巴斯喀著，马照琪译，台湾中正文化中心出版。

母亲撑起一个家庭最核心的餐桌时光

我就是从看妈妈做菜，学到一生做人做事的道理。

蔡颖卿透过这本书把生活的道理教出来，很值得父母细看。

她告诉你，人品第一，从小看大，见微知著，

在厨房中如此，在社会上也是如此。

"中央大学"认知神经科学研究所所长　**洪兰**

我小时候台湾有句顺口溜："吃中国菜，娶日本太太，住美国房子。"当时很不以为然，后来去美国求学，看到他们的房子果然明亮舒适，厨房尤其宽敞，不像台湾很多厨房都是塞在屋子的阴暗角落，有的甚至跟房屋的主结构分离，是搭出来的棚子。问起来，美国太太都异口同声地说："厨房是一个家庭的中心，我们花最多的时间在厨房，怎么可以不宽敞明亮呢？"

是的，厨房是"主中馈"的地方，是一个主妇眼睛一睁开就进去的地方，客厅是只有客人来才去坐的，厨房才是一个家庭生活的重心。

在书序中，简静惠董事长提到阳光剧团的主持人说："戏剧提供娱乐，也有伦理与教育的功能。"她问："在厨房中也能如此吗？"能，不但能，而且还是伦理与教育的启蒙处。我就是从看我妈妈做菜，学到一生做人做事的道理的。

我家因为都是女孩，所以从小被训练厨艺，我妹妹四岁就会洗米煮饭。我们家每个人都有个小板凳，上面有名字，做事时站在上面，念书时坐在上面。我母亲教我们做事要有顺序，需要花最多时间的菜最先煮（这养成了我后来最难的功课最先读的习惯）。汤在煮的时候就要洗菜，把菜泡在水里去泥沙的时候，就要去剥虾、切肉，按顺序做，就可以节省时间。一块豆干，横的剖三片、直的切八条，叫干丝，要切整齐，因为是给人吃的，不是喂猪的。凡是能吃的都不可以浪费，所以萝卜煮汤，萝卜皮就拿个竹篮放在太阳底下晒做萝卜干。母亲做菜时，嘴里是不停地在教，跟蔡颖卿说做菜要"知其然，更要知其所以

然"的目的一样，因为只有懂，才会变，才能更上一层楼，做出新的菜来。

洗碗时，也要有顺序，先洗小的，再洗大的，因为以前没有洗碗机，碗篮的空间有限，我们都要叠得整整齐齐才能节省空间，把所有的碗都放进去。洗筷子时，母亲说筷子是成双的，少一根就要去找，看是为什么流落到外头。她养成我清点东西的习惯，使我一生受用不尽。

厨房是母亲的天地，后来翻修房子时，我坚持厨房要有冷气机，也想办法把老家厨房变大，让母亲在里面做菜时能更舒服一点。厨房一直是有着我美好回忆的地方，所以看到这本书的图片精美，真是爱不释手。从厨房到餐桌，都是享受人生的地方。

那么，我在厨房中学到什么伦理呢？我学到好东西要先给父母用。我小时候外公跟我们住，早晨起床，母亲第一件事就是烧开水泡茶给外公喝；当时鸡蛋很稀少、非常贵，都是靠自己家中养鸡才有蛋吃，我捡回来的鸡蛋，最大的蛋蒸给外公吃，其次煎蛋给我爸吃，剩下炒蛋给我们带便当，母亲从来舍不得吃。看到现在的母亲自己去玩乐，把孩子丢给别人带，以致凌虐致死，都觉不可思议。外公牙齿不好，他的饭要多加水另外煮，菜则要多煮几分钟、烂一些。

我在厨房中学到"大富由天，小富由人；勤能致富，俭则无匮"，最重要的是学会"替代"。天下没有什么非有不可的东西：煮咖喱鸡，没有马铃薯就用地瓜替代；煎鱼，没有姜就用葱替代；炒肉片，没有黄瓜就用洋葱替代，只要功能相似，都可以替代。后来念了书就了解这便是"穷（'没有'的意思）则变，变则通，通则久"的道理了。

母亲是孩子的启蒙师，启蒙的地点就是厨房，难怪拿破仑说："一个孩子行为举止的好坏，完全取决于他的母亲。"蔡颖卿透过这本书把生活的道理教出来，很值得父母细看。她说："把抱怨婆婆的时间拿来清房子，房子就干净了。"跟我父亲说"把抱怨别人的时间拿来解决问题，问题就解决了"是一样的道理。我常想，如果让蔡颖卿去做主管教育的官员，我们的教育理念会进步很多，我们的社会会祥和很多，我们的政治会清明很多，因为被她教出来的学生没有不好的。她会告诉你，人品第一，从小看大，见微知著，在厨房中如此，在社会上也是如此。

镜头下的生活之爱

完成这本书的摄影工作使我感到非常愉快。

夫妻能共同把一份心愿完成，又在一起工作中不断地沟通、设想，克服各种困难。

常有人问起：要如何增进夫妻的情感？我想，生活中"厨房剧场"的开演与升温，应该是少不了的，别忘了Bubu的叮咛：回到生活、回到餐桌。

本书摄影者　Eric

在这本书拍摄工作接近尾声时，主编突然问我能不能为这本书写一篇序。我从来没有想过有一天会为Bubu的书写序，但想想，自己身为作者的先生又是这本书的摄影者，如果能在妻子的第十本书上留下一点感言，的确很有意义。但离开学校后就很少这样写文章，答应之后，我烦恼了好几天，虽不至于噩梦连连，却也让我体会到有一个早上Bubu起床时告诉我"我炒了一整夜意大利面"的那种感觉。

三十一年前，为了要帮我所爱的女孩留下美丽的身影，我开始拿起了相机。后来这位少女成为我的妻子，对生活充满热情的她以及陆续加入的两个女儿，丰富了我镜头下的人生，摄影也成了我热爱的业余工作，只为家人服务。

一九九九年Bubu参加日本《家庭画报》所举办的餐饮比赛，参赛作品后来都必须拍成照片寄到日本，于是Bubu努力设计食物内容及餐桌摆设，而我得在有限的光线及设备下研究如何将照片拍好。结果"优秀赏"及"帝国饭店赏"两个奖项的肯定不只鼓舞了Bubu，也增进了我的摄影信心。之后，在我们所开设的餐厅的厨房里，我也因为经常受妻子所托而得到练习，出新菜色时为每一道菜留下记录，常常是我从自己的工作下班后的另一个责任。

Bubu对食物比对照片更有兴趣，她很珍惜客人的感觉，要求餐点在完成制作后一定要以最快的速度送到客人面前，所以，我不能请工作人员等我一下，事实上也没有人会为我放慢脚步或停留片刻。

我虽被请去，但要捕捉镜头却得自己想办法。随着点单的打印和人员出菜进出的脚步声，紧张的气氛弥漫在高温的厨房中。有时我会想象自己是个战地摄影记者，虽然没有生命危险，但也要随时小心转身而来的热锅；更有时，我觉得自己似乎阻碍了大家，特别是我那个工作起来十分投入的妻子。在厨房忙碌过后，我常会得到一份完整的餐点，是否这就是给我慢慢拍照用的？不，我得立刻放下相机，如此才能更准确地体会到客人在菜肴上桌那一刻品尝的感觉。而Bubu总在一旁急切地要我回答，盘中的食物是"好"还是"非常好"，或是我们两个之间的玩笑用语——"美味绝伦"。

在餐厅转型为教学工作室前，Bubu开始了"小厨师"的活动，我因此有更多的机会可以留住小朋友专注于工作的可爱神情。透过镜头，我看到了喜欢和孩子相处的妻子以她的诚意和耐心如何激发出孩子最自然纯真的一面，也感受到她不厌其烦地要大家"实作"的那股力量。

虽然我不是个专业摄影师，却因着全年无休、二十四小时服务的优势成为《回到餐桌，回到生活》的摄影者。Bubu告诉我："读者如果能认真地实作完这本书的每个章节，厨艺即使没有九十分也应该有七八十分了。"为了达到这个目标，Bubu像导演般掌握每一个过程的进行，因为只有作者最清楚她所要传达给读者的讯息，所留下的照片都要有参考与对照的功能，这是我一再被告知的任务。因为Bubu希望读者看到的都是他们自己能做到的，所以我的照片必须记录真实的过程，不可以为了美化画面而有任何不实的添加物，也不能为效果而停留时间。拍照之后，立刻品尝，如此才能再次验证配方是否需要修正。

这两年来的厨事教学，Bubu常感觉到学员们许多基础的不够，她很想倾囊相授，又常碍于时间的欠缺，这次写《回到餐桌，回到生活》，当然因而想要给读者更多东西，于是在制作的过程中就不断地加量与更改。她常告诉我，大家对她多么有耐心，而我也看到了大部分的过程，只能说，我很感谢所有参与这本书制作的朋友们对于Bubu这份慷慨之心的支持。她从少女变成妻子、母亲，如今母爱已像涟漪一样扩散出去，爱自己的女儿也爱所有年轻人，一心希望他们有能力精彩自己的生活。这是我从旁看到她写这本书的情感，也是她在年轻时被许多好长辈爱护过的明证。

完成这本书的摄影使我感到非常愉快。夫妻能利用时间把一份心愿完成，又在一起工作中不断地沟通、设想、讨论，克服许多困难，我真的懂得了有位摄影家看着妻子年轻时的照片，为什么对记者说："年轻的时候，我因为她的美貌而爱她；现在，我因为了解她而爱她。"

常有人问起：要如何增进夫妻的情感？我想，生活中"厨房剧场"的开演与升温，应该是少不了的，别忘了Bubu在书中的叮咛：回到生活，回到餐桌。

| 序文 |

在饮食中感悟生活的本真

最喜欢听Bubu老师说起食物与地理的渊源，在她叙述故事的同时，

我也逐渐吸收了教科书上所没有的东西。原来饮食生活就等同于人生经验，

食材的运用之心，可以表达一个人的眼界高低，

老师把她见多识广的精华智慧，都融入了厨事之中。

协力作者 **王嘉华（小米粉）**

跟在Bubu老师身边学习烹饪，从Bit Bit Café的厨房，到Bubu生活工作室的烹饪教学，转眼三年了。这三年是我让自己归零，像白纸一样，接受全新人生的开始。我的学习之旅，是很多人羡慕不已的，因为我的老师是Bubu。

回想起刚与Bubu老师相识，是在姐姐开的咖啡馆里。当时我正打算离开自己所负责的厨房工作，因为不懂得做菜这门学问，根本做不出一道像样的料理，更别谈要怎么让店里的菜单有所突破，于是很任性地与姐姐争吵，正要负气远离岗位。就在那个时候，Bubu老师第一次出现，与姐姐讨论"早餐巡礼"活动的举办，并且愿意担任店里的客座主厨，教我们做菜。

初次见面时，我心里头曾偷偷想过，眼前这个说起话来慢条斯理，外表这么优雅的人，她真的会做菜吗？一起工作之后，老师的厨艺及巧思，便使我佩服到了极点，那超乎想象的简单料理方式，加上老师随时灵光闪现的创意，让初学的我很快就能上手，并且完成一道道精美、可口的佳肴，使我重拾了对烹饪的信心。至今谈起这段"奇遇"，我的心还是充满着感激，总是会忍不住激动得热泪盈眶。

一次偶然的机会，我主动征询老师，可否向她学习厨艺，没想到Bubu老师很快就答应了我这放肆的请求，也展开了我求知学艺的途径。

老师总是不厌其烦地教导我每一道料理的制作关键，从名词、动词到调味的平衡与比例。最喜欢听Bubu老师说起食物与地理的渊源，例如老师在教意大利生火腿卷哈密瓜时告诉我，意大利这一区的奶酪质量很好，当地人民制作奶酪时，如果不能达到一定的质量就会

淘汰拿去喂猪；吃奶酪的猪不只长得好，那一区的气候也合适，人们风干的技术又讲究，所以同一地的两样产物就一起出名了。

不仅如此，老师最强调以科学原理来解释烹饪，她的举例说明让人一听就能轻易明白其中道理。她说："烹煮白酱时，奶油与水本是不相融的，就像两个个性完全不同的孩子无法相处一样。要解决这个问题有两种方法。一是用规定使他们合作，这就是添加'乳化剂'，强行改变一方的张力。另一种是不加任何东西，只用简单的打蛋器强力搅动，这支打蛋器就像另一位热情的小朋友，不管读书也好、游戏也好，不断邀约不合的这两个人来参加，拉着他们就跑、带着他们团团转，不知不觉，原本互相不喜欢的两个人，竟然做什么都在一起了。而借着搅拌，就可以进行另一种乳化作用。"

因为不懂，所以总觉得要做出一道好菜是件困难的事，而经过学习与实作后，料理真的变简单了，尤其是在透过Bubu老师总是以剧场的概念与方式清楚地分享之后。

三年来，我有幸受到老师的调教熏陶，甚至参与本书的制作。看着Bubu老师为了要给我们更好的学习方式，而不断推翻自己原先的构思，不管是早已拟好的文字或完成拍摄的照片，只要发现可以做得更好，Bubu老师都会抓紧时间重来，常常是在工作室忙了一整天，回家还要继续完成文字的部分。而我能帮助的却是那么有限，其实会担心老师的身体状况，却不曾说出口。随着时间与此书的逐渐成形，更加了解Bubu老师这么努力做这本书的心情，这使我更说不出请老师好好休息的话语，只能尽我那微不足道的力量，协助食谱拍摄的制作。

这本《回到餐桌，回到生活》让我更加体认厨艺概念的重要性，学习烹饪这段时间的点点滴滴，都是帮助我找到安身立命的契机，也使我更懂得饮食生活与厨事之间的智慧。谢谢Bubu老师给我这样难得的学习机会，我会努力，珍惜这一切。

献词 *Dedication*

我要把这本书献给我八十二岁的母亲与八十六岁的父亲

如果人生的确有"第一桶金"，妈妈您教会我的家事能力就是那一桶无价的珍宝，我用它来买时间、买快乐，也买生活的趣味，这桶金使我感觉富足与安全，没有任何改变可以带走它的价值。

如果待人慷慨是一件重要的事，爸爸您就是最常鼓励我要把慷慨转化为关怀的人。每次您要我去帮助年轻人的时候，我就备受鼓励，您是我所见过最仁慈、真正爱护后生晚辈的人。

谢谢我的先生Eric，如果我能成为一个为理想而努力的人，那是因为你的了解。

更要谢谢小米粉、玢玢与小雨，只有"协力作者"才能说明你们对这本书的贡献；那些无论晨昏、一起为工作而求好心切的努力，说明了两个世代可以同心合作与互相学习的美好。

以厨事的分享，献出我对年轻人的爱

我希望能把自己人生五十年所理解到的活力与趣味，

透过"厨房剧场"的呈现来分享"做"与"用"的经验。

如果够幸运，我所珍惜的年轻人或许将因而探讨到：

透过自己的双手可以创造出多种感官的喜悦。

蔡颖卿

做这本书的途中，时常想到三个人——我的女儿、我远在圣荷西的外甥女，以及跟在我身边已经三年，像自己女儿一样的助理小米粉。

我的女儿Abby今年二十五岁，宾大语言学系毕业后以语言顾问创业。Abby对于自己的工作既耐劳又负责，但一进厨房，信心就转为薄弱。我认为她其实很喜欢厨房里的剧场魅力，却觉得自己没有这方面的天分；这只工作中的老虎一进厨房就手足无措，变成一只有时让人生气的调皮猫咪。

我困惑之余，细心检讨，原因不外有二：一是她花在与厨房相处的时间太少又过度信任天分之说；二是我的善厨事的确给了她压力，就如在她面前说英文，我会想起自己好像伦敦市场的卖花女伊莉莎，而她是希金斯博士。我们在两个自己的地头上同工时，关系都紧张得很，这应该是很多亲子在生活或工作中的状态。

但我想，解铃还须系铃人，因此想为她写这本书。我认为在一定的程度上，她代表了现代的某些年轻人，虽然喜欢美食、信息常识也很丰富，但手下的功夫远不及他们的能说善道与品尝经验。我以女儿为标准，不低估年轻人的聪明智力；但也以女儿为标准，不高估这一代孩子实作的能力。我的目标是清楚、实用，帮助想做的人有路可循，做出一手好菜——要说当然也要练。

我的外甥女晓齐则是另一种年轻人，伯克利大学工科的高才生，在忙碌的工作之外更努力建

立自己小家庭的美与乐趣，一如她童年时总把自己幻想为公主。但这公主可不是等着别人来
伺候的贵族，而是居住与饮食极有质感，并且样样自己做得来的那种公主。

我的姐姐常常抱怨晓齐工作这么忙却坚持要下厨，
又说她理家太完美主义。大姐虽然也在母亲的调
教下很善家事，但她的理想生活其实是"使婢差奴
过一生"，对于收入很不错的女儿不肯请人代劳家
事，有些不解。但我认为晓齐实在是个异常聪明的
孩子，她生在新的时代、从小受美式教育，却能自
行把中西方、过去与现在的生活智慧与技能，交相
融合并实践。我常在这个三十岁的新手妈妈身上看
到无限的可能，也因此，我觉得跟晓齐一样的孩子
应该会喜欢我在书中的分享，他们会穿越我所提供
的基础，延伸出自己厨房中更深度的剧场效果。

嘉华（小米粉）是我写这本书的另一份灵感，也是
我在完成了三分之一的内容后，决定修改整本书书
写方式的原因。

四年前我在台南遇到嘉华四姐妹，当时她们一起经
营一个空间可爱、服务完美的咖啡厅，但我觉得属
于一个餐厅的基本条件——食物的实力是她们的欠
缺，说起来也是餐饮事业的致命危机，所以我很冒
昧地去跟她们说，我想帮她们设计早餐，并以客座
厨师的方式实作两个星期。就这样，我认识了负责
厨房的嘉华——一个工作习惯良好、肯思考、美感
细腻、热爱厨房但厨艺没有踏实基础的年轻人。

在台南一起工作那两个星期，我曾想过，如果有一
天我要开一个烹饪教室，嘉华会是我最理想的助理

人选。当时我已准备北迁，怎么说这种想法都不可能实现，但就像一个梦外之梦，许多发生在同一个时段里的巧合，使嘉华加入了我的工作，并让我看见对她更深刻的期望。

这三年，我在嘉华身上看到，在厨房学习中要把根基打稳，除了靠练习之外，作为引导者最重要的责任，是透过仔细观察来补足缺失的基础。就好比当我看到她能做出一道繁复的点心或菜肴时，本以为包含于这道料理之中的技巧，都是她明白、而且可以应用自如的；但我忘了，过去并没有人这样教她，对于料理，她可以说是以"依样画葫芦"的方式进行的。因此，我一方面透过实务让嘉华有机会反复练习，同时也花费很多的时间一一补足她过去所空缺的理解与知识。我很严格地要她做准确的自我要求，也因此在这本书中，我把"知其然必要知其所以然"提高到书写的基础。

我想起Pony去RISD上大一时的一份功课，她给我看了她所画的两张图，并且跟我说："妈妈，老师要我们去找一张自己喜欢的名画先模仿，但更重要的其实是下一张功课——把其中人物的骨架解构出来的图。这个练习是要让我们知道，一张画之所以看起来真实，表面之下还有很多复杂的结构；我做这份功课之前想很多，研究了本来我不曾想过的事情。"

Pony的分享使我更确定，任何一份学习都需要有完整的理解路径，它的有趣与丰富也在这些探讨中酝酿而成。所以，我也以同样的心情来做这本书，希望能把自己人生五十年所理解到的活力与趣味，透过"厨房剧场"的呈现来分享"做"与"用"的经验。如果够幸运，我所珍惜的年轻人或许将因而探讨到：透过自己的双手可以创造出多种感官的喜悦。

Conception 概念篇

我很希望年轻人学习烹饪，不以追求时尚为目的，而以自己对生活的掌握为出发。有一天，当这些基础都够稳固之后，时尚或品味的敏感必会自然地出现在你的出手或品食之间。

学习一项技术，如果先有正确的概念，就能节省摸索的时间。发明家贝尔博士建议大家的"学习三部曲"：观察、记忆、比较，也适用于烹饪。所以，在这本书的第一部，我要先谈烹饪的概念。相信在读过这些篇章之后，你会发现它不只适用于"烹饪"，也是一种可以广泛运用于生活的管理思考。

我从小就害羞，所以，最怕别人以外表来判断我，因为这常常使我失去某些表现自己的机会。长大之后，我了解到，人真正要被检视的，既非学历、财富或职位，而是作为一个人，你有没有能力把生活过得很好，能不能确认自己的幸福之感。从此，我对于信心的认识不同了，我对于教育的想法也不同了。

我希望年轻朋友能在价值多元到混淆的社会中，透过生活实务厘清一偏之见，确立质量的意义，不只谋生更懂得生活。我也希望大家能从长计议地经营每一天、每一餐，通过互勉努力，学习做一个懂得珍惜"物""用""情""感"的生活者。

亲手照料的美食，隐而不彰的美好

我相信启动厨房魅力的永远是人——人无拘的心与万能的手，
因此设备再简单的厨房剧场，也会因为上戏的人认真投入而发光变暖。
我童年的厨房就是这样的美地，因无法忘却它带来的快乐，
所以我珍惜、保护着每一个生活中出现过的剧场。

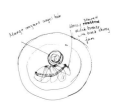

我觉得自己这一生中最幸运的所遇，是出生在一个"好年代"与"好地方"。但如果不说明原因，大概有人并不认同一九六〇年在时间中算是一个"好年代"，更不会觉得那个时候还封闭在东海岸的成功镇，也可以算是一个"好地方"。

我所说的好，并不是指那个时日的生活条件可以把今日的舒适或丰足比下去。恰恰相反，就因为我赶上了一个从无到有的年代，而家乡的发展又不足，所以我经历的"改变"是慢慢接触的，对生活不曾有过"习以为常"的无感。我常想到，同生为人却在不同的时间流、不同的成长地中如此差异地生活着，对"差别""改变"的实受与领悟，养成我对食衣住行的细节保持了"执着"与"变化"并存的心情。在踩踏着日子前进的时候，我的珍惜之心是混杂的；有对旧时日技能的遵行习作，也有对新世界繁知的好奇贪学。

从"无"到"有"，是物质上的一大改变；从"有"变"无"，则是心灵感受的消长。年龄与在乡下成长的双重条件，使我有机会经历设备极简却倚靠热情生活的年代；不只人的双手必须巧，心眼更要活，才能创造有趣的食衣住行。不像今天，我们可以把其他人的眼光与能力买下，然后打包回家，再布置成自己餐桌上的景物与美味；我们不再受限于工具设备的"无"，但曾经丰富"有"过的热情，似乎慢慢流失在物质的方便中。被生活抚育了五十一年，我两度看到整个世代厨房里的改变——从无物到设备齐全，从有人照料到清锅冷灶。

厨房对于生活的意义，在我童年时期代表的是"生存"，那个年代的母亲如果不下厨，孩子便得饿肚子。八十年代，我当了母亲，多数人的家庭都已有了西式厨房方便的功能，但外食还没有取代生活的基本供应。有用人代理厨事是生活较为富裕的表征，上餐厅也多半

Kitchen Rules

if you empty it - fill it

if you dirty it - clean it

if you open it - close it

if you spill it - wipe it up

if you cook it - share it

and before you eat it,

- bless it -

在进厨房前，我也把这篇女儿帮我写在工作室墙上的"厨房守则"送给你，祝福你与你的生活！

为尝鲜品新，那个时候，没有特色的餐厅很难存活下来，因为人们较少为打发三餐而外食。

又过了二十年，越来越多厨房在位置上占据着一个家的中心，但离能量供应的意义却越来越远。各种厨房风格进驻市场，然而形式超越了功能，大手笔投资的装修中，独缺一份金钱无法一次购齐的温饱暖意。我有时无法分辨出一个家的厨房与一间厨具专门店的差别，在那样的空间，器物陈设虽表达了品牌与经济力，却看不到一个主人的特质，一如没有戏上演的剧场，美则美矣，却不灵动。

我相信启动厨房魅力的永远是人——人无拘的心与万能的手，因此设备再简单的厨房剧场，也会因为上戏的人认真投入而发光变暖。我童年的厨房就是这样的一处美地，因无法忘却它所能带来的快乐，所以我珍惜、保护着每一个生活中曾出现过的剧场。

在这本书中，我之所以用剧场的概念与你分享食物的百态之美，除了因为其中的无限可能之外，更因我不希望年轻人错过了自己可以舞动的迷人剧场。

做菜是一种生活表演，细节之中深藏韵味

食物的剧场范围可以小到一道菜，
也可以大到整个用餐环境的氛围。
变化的可能多不胜数，你只要改变其中任何一项，
就已经等于重写了一出戏，所以不必担心材料的有限。

做菜是一种表演，但观众不一定是别人，如果你把自己也当成重要的观众，珍惜每一次做菜的机会，享受每一段从思考到完成的过程，你应该能了解，为什么我把它说成是一种"表演艺术"。

记得有次开车经过一座庙，庙前起了棚架，台上有人在演戏，戏台下却连一个观众都没有，我随口问先生："没有人他们演给谁看啊？"当时先生毫不犹豫地说："演给天看，所以还是盛装出场、全力以赴。"

是啊！我真喜欢这个答案，因为所有表演最深层的快乐，就是自己与演出时的意念交换，这也是为什么喜欢做菜的人是可以独处的。

怎么开始这场表演

我既把做菜以剧场的角度介绍给你，就要先分享自己进行这个思考程序的公式：

材料（演员阵容）

＋剧情（单一冷热处理或复合不同的动词）

＋舞台设计（食物的扮相与餐具）

食物的舞台效果，在商业上最明显的是从"定位"开始，希望有特色的餐厅会给自己一个范围，先从供应的方向加强诉求，以凝聚观众的注意力。当你走进一家自称为"上海菜"或"意大利"餐厅的空间，还没有机会断定料理地不地道之前，已经先被笼罩在第一层的剧场效果里——装修，从文化色彩与氛围笼罩住参与者。这就像你走进剧场时，如果戏码

贴的是《游龙戏凤》，你当然不会期待舞台上是管弦齐奏、轻歌妙舞的歌舞剧，又好像你不会错以为《威尼斯商人》是出东方戏剧一样。虽然如今剧目与表演的创新或混杂也属常见，但一般说来，特色是优势而不是限制，尤其在这个常常混而不搭的食物剧场中，特色的持守往往是成功的先声。

即使是一家大饭店的自助餐厅，整体上是想要吸纳所有种类的客人，所以并不定在某个方向上，但他们了解这样的松散很难达到食物剧场的效果，在"宽广"之中也必须给予小型"限制"，以便造成主题明确的效果。所以主厨会想办法给各个小供餐台一个特色，这就说明了"广却不能乱"的重要。

商业上会搭配空间的陈设与气氛来加强剧场效果，由外而内，一步、一步吸引客人进入它所营造的主观世界；而你也应该这样一步、一步把自己与家人带到你所想打造的食物舞台上，让他们喜欢留在家里。

跟看戏一样，好的舞台效果是值得为它付出代价的。我指的并不是去买昂贵餐具或食材，而是比金钱更重要的精神——演的人与看的人所赋予一份食物的价值。这个公式所要提醒你的是：变化的可能多不胜数，你只要改变其中任何一项，就已经等于重写了一出戏，所以不必担心材料有限。

细节之中深藏韵味

因为从表演说起，我特别想分享一点关于食物表演形式的实际体会与经验，我称它为：了解一出戏的细节。

我每个月固定看几本不同国家的料理期刊作为进修的功课，有一天突然有个小发现：我觉得日本人掌握不了中国菜的摆盘艺术。大家都承认，日本职人的专注与用功使他们常可超越传习者，这几年东京法国料理的表现就有青出于蓝的趋势。但不知为什么，日本的中国菜料理者常会端出让人摇头纳闷的作品。我自己的推论是：中国菜没有足够多可以作为模板的数据。

中国菜的摆盘艺术很微妙，就像中国戏曲，处在领会的心传中，虽要下苦功，却不是透过规规矩矩的模仿、练习就能达到。或者该说，它提供给学习者的领会不是直路一条。中国

菜的美，散在文学杂记中的比写成食谱的多，但如今餐馆里流传的（国外尤其严重）又多是雕龙刻凤、奇艳俗丽的装饰，这当然不是中国菜的精髓。无可师法也许就是日本人研究中国料理时很难脱离呆板的原因之一吧！

比如，这样一句话可以表达出中国菜含蓄的讲究："女主人交代下去，要厨子煮海参只用香菇就好，不要有其他的颜色。"她说："整齐一点，好看！"但多数人对中国菜的认识可没有"颜色整齐"这种印象，通常可见的装饰是染过色的虾片或已被空气风干的红萝卜、一朵深紫的兰花放在一簇巴西里（编者注：一种香菜，别名又叫欧芹，洋香菜）旁，或是把鲜艳的生食材细细地绕盘一周。看起来很费功夫，似乎就是多数人对于中国厨艺的感受。

导演一道菜与看一出戏的细节同等重要，存在于感受里的微妙认知，试着把它累积起来，最好还能自我批判，这会帮助你的剧场有更大的伸展性与活跃力，细节之中深藏着韵味。

导演手记——从构思到成品

只要肯练习，我们的技术都会不断地进步。
我鼓励大家留下资料，
是因为日后当你回顾起自己导演过的剧场，
不只有照片，还有剧本，丰富而有趣的记录将成为生活珍宝。

食物的剧场范围可以小到一道菜，也可以大到整个用餐环境的氛围。一般来说，家庭的餐食剧场以餐桌为表演范围，而商业空间的表演则以整体环境为背景，人员流动与服务方式当然也是戏的一部分。一出戏要以什么样的方式来呈现，即使其间改了又改，导演也是一开始心中就有构想的。

我的小女儿从小就爱画画也爱做菜，她上大学之后从艺术系转到建筑系，做许多事都习惯用画画来拟构想。有一天，我无意中翻到她随手记下的好几本笔记，才发现她每次兴高采烈要做菜给我吃之前，都进行过"纸上作业"的程序。我自己也有不断草拟的习惯，而小米粉的一整本绘图笔记更是工笔精细。我想，无论擅不擅长画画，喜欢做菜的人都有习惯先在心中勾勒出图形，并进行配色的考虑，这是戏中美术创作的具体作业。

我循着女儿的笔记去找我们生活照片的档案，刚好有几则都留下了成品的照片，这些可以映照手记的数据，希望给年轻朋友作为参考。

只要肯练习，我们的技术都会不断地进步。我鼓励大家留下资料，是因为日后当你回顾起自己导演过的剧场，不只有照片，还有剧本，丰富而有趣的记录真是生活珍宝。

/ 松花堂、抹茶与铜锣烧 /

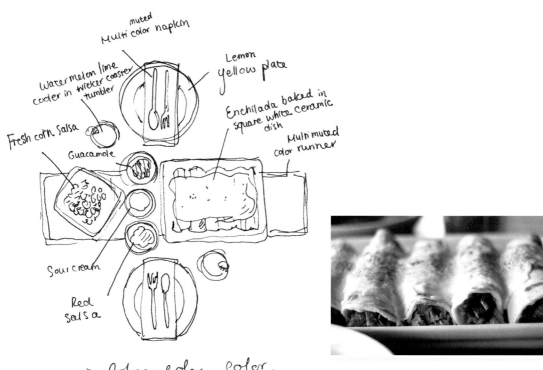

muted
Multi color napkin

Lemon
yellow plate

Watermelon lime
cooler in wicker coaster
tumbler

Enchilada baked in
square white ceramic
dish

Fresh corn salsa

Multi muted
color runner

Guacamole

Sour cream

Red
salsa

→ color. color. color.
Play with prismatic. and muted.
Food is prismatic. tableware
muted ⇒ | see if contrast
can provide sense of depth when
photographed from bird's eye view

妈妈的附记：

Abby与我看Pony到处留下的笔记时不禁笑了起来。她说："我觉得妹妹的字不是用来记录，她有时候好像把文字当'装饰'。"也许因为笔记是给自己看的，许多心领神会可以不以规则存留而特别有意思。

/ 松花堂、抹茶与铜锣烧 /

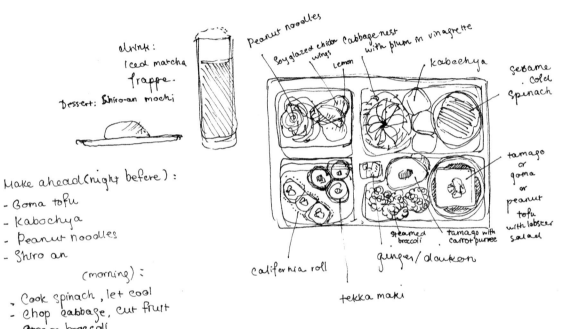

drink:
Iced matcha frappe.

Dessert: Shiro-an mochi

Peanut noodles

Soy glazed chicken wings Cabbage nest with plum in vinagrette

Lemon

kabeehya

sesame cold spinach

tamago or goma or peanut tofu with lobster salad

tamago with carrot puree

steamed broccoli

ginger/daukon

california roll

tekka maki

Make ahead (night before):
- Goma tofu
- Kabochya
- Peanut noodles
- Shiro an

(morning):
- Cook spinach, let cool
- Chop cabbage, cut fruit
- Steam broccoli
- Make chicken
- Assemble maki

/ 辫子面包 /

Challah

Sponge:
1 cup luke warm water
1/4 cup honey
1 package (7g.) dry yeast
1 cup bread flour

Bredd:
1/4 cup olive oil
1 egg
4 egg yolks
1 1/2 tsp. salt
2/3 cup sugar
3~4 cups flour
Egg for glazing

1. Stir honey. yeast. water. let stand 5 min before adding flour. Let stand 30 min.
2. Stir in oil. eggs t yolk till mixed.
3. Add salt. Sugar. and rest of flour.
   L Knead till dough forms. (10 min)
4. Place in greased bowl. Let rise for 1 hour.
5. Put in fridge and let rise overnight or 6 hours.   / Braid!
6. Take out and let rise 1 hour. Preheat oven to ~~375~~. 350
7. Beat egg and brush over dough twice.

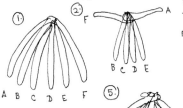

Basically, bring 2nd to whichever is at the top to the opposite direction, then the top down to the middle.

/ 苹果Chutney、蜂蜜燕麦面包、菠萝西瓜冰沙 /

Apple Chutney

2 apples
1/2 chopped onion
1/4 vinegar
1/4 brown sugar
1 tbsp. ginger
1/4 tsp. nutmeg + cinnamon

1. Combine all ingredients in a medium saucepan, stir well. Bring to a boil. reduce heat and simmer, covered, for 50 min.
2. Uncover and simmer over heat for few minutes to cook off liquid.

Honey Oatmeal Bread

2 cups boiling water
1 cup oats
1/2 cup honey
2 tsp. sal
0.25 ounce yeast
1/2 cup warm water
4 cups flour

1. Mix boiling water with oats, 1/2 cup honey. Salt.
2. After one hour, dissolve yeast in warm water. 10 min.
3. Pour yeast into oat, add 2 cups flour, mix well, stir in remaining flour, 1/2 cup at a time.
4. Knead 20 min till elastic. Let rise 1 hour.
5. Make loafs. 1 hour.
6. 175/350° for 25 min.

How to cut pineapple flowers :

How to cut pineapple

/ 茶宴

"想通"规则，"记住"准确

无论做什么事，了解"为什么"才不会停留在狭隘条件的限制中；
所有的"诀窍"都有成因，要习惯去探讨后面的道理或证实不这样做的后果。
厨房里的准确应该是"知其然，并知其所以然"的透彻，
你不是因为随性而显得潇洒，而是因为胸有成竹而感到自在。

要能开展厨房剧场，除了记忆基本规则之外，理解规则"为什么"形成是更重要的。所有的"诀窍"都有成因，要习惯去探讨"撇步"后面的道理，或是去证实不这样做的后果，才不会总是道听途说。无论做什么事，了解"为什么"才不会停留在狭隘条件的限制中，烹饪是基本生活需要的解决之道，它不可能在一开始就有严格的条件限制，因此，放开你的成见，把你的聪明用来了解两件事：

问题是什么？
问题在哪里？

"理解得到，就表现得出"

因为不习惯探讨原因，关于烹饪的秘方与笑话就到处流传。有位女士每次煮红烧肉都要先从一大块肉切下一角再放入锅里，虽然她并不知道为什么，却觉得这是十分重要的步骤，从小看着母亲都是这样制作红烧肉，想必这就是家传美味的秘密所在。直到有一天，朋友问她切下那一小块的影响到底是什么，她才想起要回家去问问理由。被问的母亲说："我也不知道呀！我看我妈妈都是这样做的，要不然，我们一起去问问外婆吧！"母女俩于是到外婆家一探究竟，外婆一听，心想这是个什么问题呢？她耸耸肩笑说："因为我的锅子只有这么大，一整块放不下，所以不得不切下一角。这一刀不会使红烧肉更好吃。"

这是个典型"知其然，不知其所以然"的厨房笑话，也许我们自己也常无意间进入这样的思考迷路中。想想，有多少厨房里的神秘感是从这样的"闻而不问"开始呢？再经过传说，简单的规则就从一根鹅毛传说为一只天鹅了！

我对戏剧没有研究，却很喜欢看相关的书籍，有一次看到文章中有一段话说："京剧作为一种'非书面文化'，其影响之深远，也许只有国画和中国烹饪可以与之相比。"这篇文章后面又说到一些京剧演员虽然都幼年失学，但可以说是"没有知识的知识分子"，其中有个描述让我很难忘。作者说这些人的才华是"理解得到，就表现得出"，这借用来解释我对烹饪规则的思考与期望，真是贴切。如何加深理解，又如果使理解完成在个人独特的表现中，就是"厨房"可以称之为"剧场"的时刻。

我们如今称为"规则"的要项，代表的是许多经验的去芜存菁，帮助我们节省一一亲试的耗费。如果不花点心思想通规则的"为什么"，不只辜负其中的科学精神，也无法借此延展所需。

想通规则，才能开启创造

有一位朋友参加烘焙考试失败后来与我讨论，她说烘焙老师认为失败的原因是她不熟悉试场的烤箱，但烤箱不能出借试用，那该怎么办？

我问她，有没有人一次就通过考试，她说有，我因此回答：那就应该不是烤箱的问题了，如果烤箱有问题，其他人也一样无法掌握。我又问她是怎么准备考试的，她说就依老师交代，熟背配方、在班上练习。我又问她，对自己每一次的成功或失败，都了解原因了吗？她说没有想过这个问题，每次成功了很高兴，如果失败了就再试试看。

我举学开车的例子为她说明。三十几年前，我们学开车，教练是这样教的：完全以考试为目标来练习，看到地上教练吐一口槟榔汁的标记就向右打两圈，放可乐罐的地方向左打三圈，我们练得很熟，却不知道这两圈与三圈从车轮所带动的车身改变是什么。所以，等执照到手了，第一次自己开车，没有槟榔汁也没有可乐罐时才终于了解，自己过去一个月来的练习有多盲目，都是不经思考养成的惯性而已，这种肌肉的记忆不足以应付新的条件改变。

虽然对烤箱不熟悉，但如果对整个制作原理够清楚，临场就能做出调整。人生从来不会出现一套专为我们量身定做的生活条件，同样的，厨房里也不可能总有符合需要的完美设备。我们不能养成没有这只锅子就不能煎一条鱼，或不在某一个厨房就不能做出好菜的自我限制。但是，破除限制一如创作，我们得知道成功的门道是什么，因此要把规则想通，它将带你走出限制，它带给你创作的信心。

记住成功，也记住失败

厨房里需要有"准确"的观念，特别是对于一个刚入门学习做菜的人来说，态度随便代表的可不是厨房里的动感，而是失败与危险增加的可能。我建议新手，不要被"艺术感"或"随性"这样的说辞给迷惑了，做菜跟任何功夫一样，要熟练之后才会有自然的举止。

厨房里的准确不一定是配方或调味上的锱铢必较，而应该说是"知其然，并知其所以然"的透彻；虽然烘焙需要的科学更为严谨，但一般的做菜，各方面的准确也同样重要。我常在课堂上跟学员说：记住你的成功，也记住你的失败。弄清楚这两者的前因后果，并记忆在脑中累积成个人的数据，是进步最快的方法。

为什么我说这些是"个人的资料"？当我们做菜的时候，各种条件都在自己的掌握之中，只有你自己才清楚成功或失败是在什么条件下出现的。你该像办案一样找出其中的原因，从过程与结果之中推敲，这些经验会累积成可观的资料，在不同的条件中才能不断复制成功，延伸稳固的烹饪基础。

我有一位亲戚很爱美食，不只爱吃也很爱做，但她生性既好奇又非常随性，做出的食物质量时好时坏，永远不一致。最糟的是，成功的作品都无法再现，因为她从不注意过程的变化，成功好像是误打误撞得来的意外，没有被分析或记录，实在很可惜，她的厨艺可以说是很有创意却缺乏准确性。

成功的记忆可以复制更多的成功，或作为其他成功经验的基石；失败的记忆则可以避免覆辙被重蹈，资源被错用。每一个料理高手的心中必定累积无数成功与失败的经验，而且知道自己为什么成功、为什么失败；这就是厨房里的准确，与潇洒随性的外表或动作无关，它的确是心中的一把尺。

关于设备与食材

无论有没有高阶设备，只要你愿意动手，都能充实自己的饮食生活，
进而把生活当成是一帖良方，治愈文明或都市化所带来的紧张与苦闷。
在食物过度丰富的今天，我们该学习的是，
不要失去生活中的每一项平衡，也不要失落在物质富裕的表象中。

二〇〇九年，我结束了持续二十一年的餐饮经营，开始烹饪教学之后，时常有学员问我两个问题：

我对有机食品有什么看法？
我对锅具的采购有什么建议？

对于生活，我必须承认我不想以某一种人的经济力来看待或给出选择的建议，这完全是缘于我自己的生活经验所养成的心情。

在家乡读小学时，我的家庭有些与众不同，在多数同学听都没听过寿司的年代，我已在母亲的亲手带领下练习一卷卷做工精细、配料完美的寿司卷了；盛夏蝉鸣的午后，我在有庭有院的日式房子里吃着母亲用牛奶红豆沙凝成的冻冻果、看书闲度永昼之时，我的男同学们正赤脚嘶声游戏于烈日之下。

生活的不平等对我来说是显而易见的，然而我并没有把这份不平等当成是自己或某一种人的理所应得，或把它当成生活品位的标志。我只是深深珍惜自己能在父母的庇护之下过着这么好的生活，这份感谢使我对所有的劳务都乐意学习与尽力操持，也使我绝不低看任何人的生活条件。

能与不能，不是一个人的价值代表；想或不想，却可以实际改变我们的生活质感。因此在这本书中，我用的都是最基本的工具与设备，我相信无论有没有高阶设备的读者，只要愿意动手，都能充实自己的饮食生活，进而把生活当成是一帖良方，治愈文明或都市化所带来的紧张与苦

闷。我所信任的平凡生活一再为我加油，当我在一九九九年得到日本《家庭画报》的"帝国饭店赏"时，我用来与豪华独特竞争的，也就是每人生活可得的平凡；它不是"上天下地求之遍"的高档食材，而是"飞入寻常百姓家"的地元杂货。

健康不是富有的礼物

至于要不要用"有机"的食材，我也说出自己一向以来简单的想法：假设有机食材的质量得到确认，价钱也只贵一点点（因此立意正确的绿色循环就不会被商业利用）当然没问题；但如果必须为它付出高价，使某些人的饮食生活感受到压力，那我是不会赞同的。

食物不同于奢侈品，不是欲望的克制就能解决的问题，它是无论能力高低的人们都得日日采购，赖以维生的。一份只诉求健康却没能想到大众能力的食材，在我看来爱与慈悲都不够，因此能量也必然不够。最重要的是，我相信上帝是公平的，他不会只让买得起高价有机食品的人才能得到健康或美味；因为健康不是富有的礼物，疾病更不是贫穷的惩罚。如果因为高价而使多数的人感受到远离健康的恐惧，那有机的理想——达成人与自然的共生永续，就被自己的说法所吞噬了。

在食物过度丰富的今天，我们该学习的是不要过量、不要失去生活中的每一项平衡，也必须学习不要失落在物质富裕的表象中。

基本的设备已经足够

跟食材一样，我对于厨房设备也是抱着自在的想法，只要有基本功能，就一定能下厨。基本功能是什么呢？加热的设备——瓦斯或电炉，两者中有一样，至少就能进行我们所提到的四种动词（蒸、煮、炒、炸）。所以，如果家里还可以添个烤箱，我就建议一次到位，至少买一个中型以上的机型，千万不要大大小小，一个一个买，然后一个一个堆。我看到有人烤鸡用一个旋风锅，烤土司有烤面包机，还有小型烤箱、压烤三明治机……觉得太不可思议了。我不懂为什么需要一个压蒜泥器，磨泥板就可以通用许多食材，如果处理一件事就需要一个工具，烹饪就变得很死板，一点都不好玩了。

我不买太多的小家电或器具，因为很占空间。我的空间是为了要活动时伸展用的，不是为了存放对象。所以我以下分享的，是自己在厨房运作三十年，觉得真的有必要的设备；也是我写这本书时，用到的所有器具。

- ○ 瓦斯炉
- ○ 烤箱
- ○ 烤盘
- ○ 蒸炉（没有的人可以用锅子与蒸架）
- ○ 果汁机
- ○ 电动打蛋器
- ○ 喷灯（或称喷枪）
- ○ 砧板
- ○ 中式菜刀
- ○ 小尖刀
- ○ 磨刀石
- ○ 刨刀
- ○ 磨泥板
- ○ 挤汁器

- ○ 量杯
- ○ 量匙1组
- ○ 浅平底不粘锅1只
- ○ 深平底不粘锅1只
- ○ 长方玉子烧锅1只
- ○ 锅盖
- ○ 单柄汤锅不同大小2只
- ○ 双耳大锅1只
- ○ 料理长筷
- ○ 锅铲
- ○ 不锈钢夹
- ○ 不锈钢盆大小各2只（玻璃盆或瓷盆也可）
- ○ 洁白吸水的抹布数条
- ○ 擦手布数条

养成计算的习惯

厨房里的有为应该是"进退有据"，
因此不只要有计算的习惯，还要做正确的盘算。
这样才不会浪费掉生活中的资源，阻绝原本不用形成的负担。
而这些思考一定会慢慢增加你对生活的了解与控制。

在厨房中应该斤斤计较，尽可能挑战你自己的思考周延度。

我看到很多人虽然并不是故意要浪费，却真的不断在倒掉食物——东西坏了啊！不倒掉该怎么办？那么，你是否曾仔细分析过食物浪费掉的状况，了解其中的原因并做出改善？

我希望能与大家分享厨房中的计算概念，最好让这种思考变成你的习惯，才不会浪费掉你生活中的资源，阻绝原本可以不用形成的负担。

不要小看你倒掉的一盘剩菜，它包含有时间、金钱和情感的成本在其中。你曾花费时间料理它，坏掉后又要花时间来清理，这是时间的成本；金钱的浪费不用多说大家都明白；而情感呢？动手清理的时候心里难免懊恼，但不得不承认，会有这倒掉的动作，是因为一开始自己没能计算好或根本没有想过需要计算，在处理时就难免对自己掌握生活的能力感到沮丧。这就是一盘坏掉的剩菜对我们的精神剥削。

计算真是可大可小的事，又因观点不同而容易做出错误的判断。以获利来思考是一种算法，避免损失又是另一种算法，前者主攻，后者是守。而厨房里的有为应该是"进退有据"，因此不只要有计算的习惯，还要做正确的盘算。

折扣讨到的是便宜还是损失？

我听到有个媳妇到处问人要不要一点蒜头，她说："我在乡下买了好多，好便宜，一斤才三十五块。"婆婆听了说："买那么多做什么？市场一斤五十。"媳妇闻言一算，每斤差十五元，她觉得这是一个很大的折扣，于是高兴地回答婆婆："所以我才买了一堆！"才一说完，婆婆就轻轻提醒："蒜头不会用那么多，到头来丢掉或干掉的一定比你省下的多。"

这是厨房（或说生活）里的实情，我们很难以攻的方式讨到真正的便宜，促销战与大卖场就是这样一次又一次利用着我们都有的弱点——"短视近利"；眼前省下的都算是赚到，日后丢掉的都不算是损失。

折扣品省下花费所得到的快乐离付出钱的时间很近，所以有催促作用，下决定时经常觉得很开心，发现自己原来是懂得精打细算的人。等到要丢掉过期品的瞬间，通常又会有两种复杂的情绪交织：一是清楚看见了失算，另一却是不想追究先前错误的原因，所以下一次买东西的时候，以攻为主的思考还是主导着我们的决定。但，这是一个需要改变、也可以改变的习惯。现在，我们既然了解问题在哪里，就应该开始养成解决无谓浪费的计算能力。

一碗米可以煮成几碗稀饭？

为了让这些计算概念自然地进入你的脑中，我要以生活实例来说明它们进行的方式，也请你在看这些实例的时候，把自己想象成主掌这一餐的当事人。

这是一个炎热的中午，长辈提议："吃稀饭吧！比较容易下口。"你除了很周到地想了几道适合品粥的小菜之外，头脑里马上要同时输入几个计算条件：

这一餐有几个人吃饭？
每一个人的食量大约如何？
一碗米可以煮成几碗稀饭？

举例来说：这一餐长辈有朋友来，总共有两位男士、三位女士跟一个小小孩。男士通常食量大、你的菜又煮得很好吃，如果宽松地计算，每人大概吃三碗，女士平均一碗半到两碗，小小孩半碗多，准备十二碗的粥就已足够。

当你有了这些基本考虑，量米下锅时就只会准备两碗。为什么？因为你知道一碗米大概可以煮出六～八碗粥（依照稠稀度不同而定）。千万不要以为六个人就是六碗米，如果你真的下了六碗米去煮稀饭，我猜你会遇到两个问题：首先是一般小家庭应该没有这么大的

锅子可以把这六碗米成功地煮出来；其次是你若当真煮三十几碗稀饭，挨骂的机会应该很高，长辈会摇摇头说："没打没算。"

生活的能力不足最容易引起家人冲突，特别是婆媳之间。所以我一向主张，如果有时间抱怨婆婆的问题给朋友听，不如把它拿来精进料理的技术，让长辈欣赏或佩服你的生活能力。不再随意浪费的生活，让人有一种富足踏实的感觉，因为掌握是能力的证明，而信心奠基于能力。

你该掌握的厨房计算概念

○ 小家庭不购买大量的食材

食材与其他物品不同，它本身有种种限制，因此不适合囤积：一是新鲜的问题；二是再美味的食物，经常吃也会厌腻。如果大量买而不吃，东西会过期；如果为了趁新鲜而经常吃，会折损我们对那些食物的好感。我觉得，当人把一样东西吃到厌腻的时候，是对大地馈赠我们食物的无礼，珍惜着吃的人才能保存食的美意。

○ 买菜之前，从完成品的需要量来反推购买量

这个反推需要有全面性的观照作为依据，有些是必须记忆的常识，好比说一碗白米能煮出多少干饭？多少稀饭？（关于这一部分的日常知识，我把它整理在下页的专栏里。）

○ 可以用你手中现有的食材组合而成的调味品，就不要再买成品

厨房中的浪费有许多情况是不明就里所造成的"重复"。好比说：普通人家的厨房里一定备有盐、糖、醋，做寿司饭的调味醋就是这三种味道的组合，你所需要的是弄清楚它们的比例，而不是去买一瓶现成调味醋，用掉一点点后再把它存放在冰箱，让瓶瓶罐罐占满你有限的空间。

把单位化为对你有用的参考值

去菜市场的时候，虽然你听到的都是一些很熟悉的单位：台斤是600克、公斤是1000克、中国内地用的一斤是500克，或是欧美用的一磅约453克；但比单位更重要的，是这些正确的数字能否化成一个对你真正有用的"参考印象"？

小的时候，妈妈常会说一些厨房里的笑话来引发我的学习动机，希望我不要变成厨房里的外行人。我最喜欢的是一个不谙厨事的媳妇把苦瓜拿来削皮，葫瓜却连皮一起煮，她接连挨了两次骂，委委屈屈地哭着跟婆婆说："苦瓜皱皱，削皮您骂；葫瓜亮亮，没削皮您也骂。"总之，这媳妇是丈二和尚，既摸不到婆婆的心也摸不到自己的头脑。

我还记得妈妈也常常会用"打老婆菜"来形容某些青菜煮前与煮后让人惊异的相差量；翻译成现代的语言，这种菜应该叫"家暴菜"，粗鲁的丈夫看到一大把青菜煮熟上桌之后只剩一小盘，于是怀疑太太在厨房里偷偷吃掉大半而拳脚相向。

所以，了解量的计算是经验，要化为对自己有用的参考值，才不会在数字中空转或吓自己一跳。一斤肉在脑中要把它变成：生的一大碗与煮过之后又缩少的量，而一个人一餐到底要吃多少的肉量才合适与满足。

这与整餐饭的配置相关，所以另有一种计算也值得注意，这应该可以称为"协调"——味道的平衡与不同营养大类的平衡。

一餐饭如果没有全景观而分开思考，会遇到类似的问题：你好不容易煮完一餐，却发现"撞菜了"，菜脯蛋配紫菜

蛋花汤或麻婆豆腐配白切肉。当餐桌上出现营养或味道同构型太高的菜色时，不只是营养上的失衡，也是菜容易剩下的原因。

为了让你了解计算必须活用，我要再举另一个例子来说明一道菜与一餐饭的关系。

例如：你的孩子很喜欢吃西红柿炒蛋，所以你打算晚餐做这道菜。这个时候你应该问自己：

我所准备的这一餐，同时还有哪些菜？

一道菜在一餐中的比重，会关系到你该准备的量。饭菜的总量是我们一餐所需，如果你不希望每餐都有剩菜，就更要做好事前的计算。

假设是三菜一汤中的其中一道，代表这道菜应该有"一定的量"才能满足家人的需要。但是这"合理量"的推算，除了以你对家人食量与喜好的认识之外，还要想到这道菜的组合"有蛋、有西红柿"，问问自己，一个人如果分配到一颗蛋与一个拳头大的西红柿够不够？如果要更多，增加多少是合理的？这些思考一定会慢慢增加你对生活的了解与控制。

TIPS

值得你记在心里的参考量

以下我列出一些很日常的食材参考量，希望对你有小小的帮助——

○ 如食指大小的草虾或白虾1斤大约有25～30只

○ 1包意大利面大概可以煮5～6人份

○ 1碗蛤蜊汤里如果有8～10颗蛤蜊，量已足够，1斤大小中等的蛤蜊约有25颗

○ 1碗白米可以煮成3碗白饭、约6碗中等稠度的粥

○ 半颗小玉西瓜大的南瓜约可做成6人份香浓的南瓜汤

○ 1颗蛋可以蒸出150毫升约占碗七分满的蛋羹

食材的切理

我觉得不必苦追一把顶级的刀，懂得用、经常用才能使得巧。
下刀处理任何食材时都该想一想，为什么选择这么切而不那么切，
食材的尺寸大小会直接影响到加热的时间，
形状则影响到整道菜的视觉效果，所以需要事先的考虑。

在这一章中，我想分三个部分来分享食材的切理：一是刀与使用刀的方法；二是决定某一种切法背后的思考架构；另外我也将简单介绍几种常见的切法与应用。

刀是器物，用刀的是人；使工具产生功能与美感就是用刀的艺术。这里所说的，并不是飞刀快切这一类的表演，而是生活工艺的体会与提升。关于运刀的思考，古今中外大概没有任何文字能胜过庄子的名篇《庖丁解牛》。不常做菜的人，喜欢把这篇文字以精神面的高度来讨论"出神入化"的生活哲思，但我每次用刀若想起这篇文字，总会回到它的实用面。

庖丁之所以能"游刃有余"，是因为"见其难为，怵然为戒，视为止，行为迟"。他的"以无厚入有闲"完全来自于细心的观察与思考，所以一开始他对文惠君所说的话也许是最重要的："臣之所好者道也，进乎技矣。"他不是只爱超群的技术而苦练，他爱的是运行于事物间的道理，他的用刀完全是架构在思考之下，因此后面的屏气凝神、谨慎下手，才是庖丁终能踌躇满志的原因。那美不是速度的表演，而是超越视觉的心领神会。

我们解的虽不是庞然大物的牛，但面对食材时，若能想起其中的道理，你也会觉得"切"不是机械化的动作，而是心手呼应的节奏。

刀与刀的使用

市面上有各种各样的刀，卖的人会把自己的好处说尽，但就算你把他那把买回家，用起来也绝不会像他介绍给你时那么利落。

并不是他骗你，而是因为他用得熟，当时所感受到的巧，也就是你必须与你的刀相处才会产生的感情。所以，我觉得不必苦追一把顶级的刀，懂得用、经常用才能使得巧。

我喜欢用中式薄刀（如下图），也喜欢经常磨刀。我们如今常用作动词的"砥砺"两个字，就是磨刀石，语出《山海经》，粗者为砺，精者为砥。一块磨刀石是由粗细两块石头黏合而成，先用粗面磨利，再用细面抛光，手中虽然磨的是菜刀，但刀在石上来去之间，我心中同时对生活有深切的反省之感。

无论你习惯用西式刀或中式刀，都有几个值得注意的问题：

○ **一般握刀的方法**

○ **熟悉一把刀不同部位的用法**
刀尖（刺、拉滑）、中锋（切）、刀根（挖芽眼、断筋）、刀背（去皮、剁泥）

○ **施力的方法**
拉或拖、直下、剁、压、滑碾

○ **安全放置砧板与刀的方法**
砧板下要放一条湿抹布，以免切时打滑；刀用过之后不要随意放置，一定要把刀柄往里放，以避免工作中手拨到时掉地的危险。

切的思考

下刀处理任何一份食材时都该想一想，为什么你选择这么切而不那么切。食材的尺寸大小会直接影响到加热的时间，形状则影响到整道菜的视觉效果，所以需要事先考虑。比如：

○ 如果时间赶，白萝卜汤是否还需要切成你印象中的一大块、一大块再滚煮？薄片不只很快能煮透，也很好吃。

○ 一锅红烧肉，肉的大小是否应该与相伴的食材搭配一下尺寸，才不会觉得怪？

○ 要用来做成泥状的食物，是否值得你特意花时间切得工工整整？

○ 同样是拿蒜头来当爆香配料，剁成泥与切成片是否能影响一道菜的视觉效果？

○ 有些食材在生的时候很容易处理成形，但加热后就不容易留住预设时的样貌，这是食材的特质，也是值得记忆的经验，在切理时就要想清楚。比如说，红萝卜切成丝加热后不大会变形，但马铃薯可不一样。

这些问题如果因习惯而形成下刀前的思考，你一定可以感觉到，连切菜都可以是自由愉快的创意，而不是模仿的复制。

你应该知道的切法

挑菜与切菜常是入厨学料理的第一步，连小小孩都好喜欢。切是整理食材的规划，也是种种创作的探索，一刀或一刮、或简或繁地改变一个食材的原貌。因为思及一个角色与一出戏的关系，下刀时就绝不是盲目的，而是像在剧场上为演员定装，决定他出场时的扮相，好开展同一个食材原本单一的戏路。

压花

滚刀块

压花

用模具压花时，食材的厚度不能高过模型，这样才不会碎裂。如果要切成薄片，应该先压出形状再切薄，才不会浪费时间。

滚刀块

滚刀块是很普遍的切法，滚动条状的食材，取大小相似但不规则的形状，让食物变得更有趣味。

即席调味的柑橘类切法 蛇腹切

即席调味的柑橘类切法

无论中西料理，柑橘类水果常会随盘上桌作为即席调味，如果要让使用者顺利挤出汁，应以赤道线为准切开，再成瓣状。在餐桌上挤汁时，可以用餐叉或筷子为支撑再挤压，如照片中后方所示。

蛇腹切

蛇腹切是为了让食材有很多切口来沾附酱汁，即席腌渍物常会用到这样的切法；因切口多了，原本质地坚硬的食材就可以扭曲造型。工法不熟悉之前，可以在食材两旁放筷子抵住，作为每一刀切下的限，以免切断。

唐草切

轮状去边

唐草切

唐草切是把薄片食材的一部分斜刀切出平行的切口，再卷起，意像出蔓生植物的流丽之样。小黄瓜薄片、生菜叶或是有透明感、质地软的食材，都可以用这样的刀法来取装饰之用。

轮状去边

切成块状或轮状的食材，如果用小刀或刨刀再修去直角，看来会细致很多。这样稍微修边，跟特意拿个挖球器所成的正球形又不同，不是刻意以模型求工，但多增一点食物温柔的感觉。温润原是食材的本质，是因为切才让它们出现棱棱角角，修一下，恢复了原来的气质。

白发切　　　　　　苦瓜去囊、取厚皮

白发切

白发切本指葱白细切成发丝状，在此我要分享的是两个重点：要薄刀才能切出更加细致的片或丝；任何食材在切成丝之前，要先成片。葱也一样，切成段后，管状要先剖开摊成片，叠整齐后再取丝。葱有黏液，小心刀打滑，刀尖可以划，别忘了善用。

苦瓜去囊、取厚皮

苦瓜去囊或是其他食材取厚肉时，要先切成条状、放稳，再以横刀慢慢平稳前进，取所要的厚度。尽量用刀的前1/3会更灵活也更安全。

球状装饰

挖空一个球状的西红柿、柠檬或柳橙，就可以变成盘上可爱的装饰。球状会翻滚，刀若打滑就很危险，所以要先切出一个底，让食材坐稳再进行接续的工作。提把的部分切出后，再用尖刀挖去果肉，底可以是空的，这样比较容易做，因为不是当作容器，没有底也无妨。

球状装饰　　　　　　蒜头切片

蒜头切片

蒜头除了拍打成粗细碎末之外，还可以切片。非常奇妙，即使是一个小小的蒜头，取长的纵片与短的横片，对于一道菜视觉上的趣味也有影响。

热处理的3个关键

为什么不应该以大中小火作为加热的标准？
你可能没有想过，同样的火力也会因锅具的大小而造成不同的效应。
写食谱的人所用的大火，很可能是你的中火就能达成的加热程度；
我们需要了解的，是加热程度所造成的熟成或香浓效果。

california roll

烹饪与缝纫一样，是整合眼光、经验与技巧的综合练习。可喜的是，生活提供我们做此练习的机会比其他项目要多得多，如果你愿意踏实地从照顾自己的饮食做起，事实上就等于在成长你的设计能力。以下所列出的几个关于热处理的观念，是从很多人问我的问题中所整理出来的，也算是我自己的一种饮食主张，希望有参考的价值。

油的使用

多数的读者在台湾长大，很了解油在我们的饮食中所扮演的角色，也因为外出用餐时吃到的食物特别油腻，就认为要把中国美食做好，是少不了大火大油的。说到大火大油，我想起有位朋友去美国上研究所时很想念家乡的食物，有一天她决定要自己下厨炒个宫保鸡丁以遣乡思，由于过去很少做菜，还是先参考食谱。食谱上说，这道菜想做得好吃必须"油要热、火要大"，于是这位朋友一点都不敢怠慢地直追书上叮咛的条件，结果引起了宿舍厨房的一场火灾，赔偿了一大笔钱。"油要热、火要大"确实是我们对中国菜最根深蒂固的印象，也是目前为止多数餐厅还在沿用的操作概念。

火大而达到油热，对于帮助食物瞬间抵达高温当然有很大的帮助，问题是这已经完全不符合现代人的生活需求。主要有几个简单的理由：

○ **食物中的隐形油是健康的大敌**

我们如今一天摄取的食物总量远比过去增加，在已开发地区，大家要解决的是营养过剩的问题。因此，这些伴随着调理而来的"隐形油"如果吃下肚去，对你的血管不好；如果倒掉，对你家的水管也不好。它总之都是不好的，所以我们一定要改变新饮食时代的用油观念。

我称这些用来制作食物的油为"隐形油"，是因为计算卡路里时常常把这些热量忽略了，除了医院的营养控制之外，一般餐饮业者不会细细算给你听。一只鸡腿九两重，一下子就可以查出热量是多少，但打上一层粉再放进锅里去炸，吸附几克的油、总热量又要如何计算就变得很复杂，这是最被我们所忽视的不当摄取。回想一下，有多少次你上餐馆，当一盘菜盘底朝天后，一大摊油还汪在盘底。

在这本书中的实作，希望你能注意到每道菜使用的油量都很少，但尽可能透过正确的步骤而保存食物应有的香味，这是必须先建立起来的理解。

○ **油烟四起的烹调将造成生活的麻烦**

水煮有烟，以油爆炒煎炸也有烟，但这两者的烟往空间中飞散所造成的污染却不一样。如今大家的生活非常忙碌，对空气质量的认识也更深刻了，经常油烟四起的烹饪方式等于给自己带来另一种生活的麻烦。

○ **餐厅以油润锅的方法并不适合家用**

餐厅之所以用油量很大，有一个最基本的理由就是：多油的东西因为滑顺而更好操作。尤其在绝大多数餐厅里，不可能使用细致的锅具，而大量的油可以润锅，使得供餐巅峰的快速制作更顺利进行。一般家庭可以细细照顾的一道菜，在餐馆就要分成两个程序：能同进一个大油锅去炸的主食材先进锅，过油滴沥一会儿再逐份与佐料拌炒，以达到最短时间里的最高效益。但这程序一览即知，当这头主食材的油还未沥干，那头与佐料要爆炒拌合的锅里已下了一大匙油，翻来覆去当中，一桶桶油从餐厅的厨房里消失，一寸寸的腰围也在外食者身上出现了。

火的调节

很多人习惯问："我煮这道菜该用大火、中火或小火？"我建议你在看了这本书之后，把厨房中的火力从炉口火花的大小标准转移到对食物烹调的观察。也就是说，你应该问的是："我要保持大滚、中滚或小滚？"

为什么我们不应该以大中小火做标准？你可能没有想过，同样的火力也会因为锅具的大小而造成不同的效应。你所用的锅具不太可能与写食谱的人一模一样，因此他的大火很可能是你的中火所达成的加热程度；我们需要了解的，是加热程度所造成的熟成，或香浓效果。

火力的问题还有另一层意义。为什么你开尽家里最大的火、用的也是中式大锅，却无法以同样的时间完成跟餐厅一样的菜？表面上看起来的条件都差不多，究竟哪一个条件主导着改变的发生？是火力！

除了习惯用油量很多之外，餐厅与家庭料理不同的地方还有热供应的问题——炉具不同而不是锅子不同，因此供应给食材的热可以均匀持续并瞬间加强。餐厅有所谓的快速炉、中压炉等各种炉具，为的是以多御少，也就是用更完美的热供应来照顾食物。这些炉具的特色并不只在于那忽猛忽熄的调节自如，而是瓦斯出口比一般家庭多很多，热传导也就更均匀丰沛。

在这里，大家应该对三种热能的供应有基本的认识：那就是传导、对流与辐射。

当你把鱼贴在锅子上煎或烤的时候，热能顺着锅具递送，这是"传导"；接着你盖上锅盖，热空气在锅中流动、碰到锅盖又下降，此时加热的条件又加上了"对流"，因此没有碰到锅底的鱼片上半部也开始变熟；站在炉旁调理的你虽然没有直接碰到火，但慢慢也感觉到靠近炉旁的身体有热度，这就是热的"辐射"。

通常，我们很少单一运用某种方式做热传递，都是复合着进行；因此如果以科学的角度来思考厨房的热处理，我们就不要只想到"火"，而应该是热处理的各种活用。

水的参与

什么时候加水或加多少水，也是烹饪者常有的问题。我认为对于水与加热的关系，应该被放到基本观念的层次来考虑，才能更有助于你的厨事料理。首先，回答几个简单的问题来帮助自己厘清水的功能：

你能不能不放水就把饭煮熟？

如果所放的水量不足时会有什么状况？

这里举例的是最生活化的食材，现在有电饭锅，水量耗尽时加热感应会停止，顶多是米粒半生不熟但不会烧焦；但同样的情况如果发生在过去是用锅炉直火烧煮，水量耗尽后却没被注意到就会开始焦化，不但饭没熟，锅底还结了一层焦粑。由此可知：当食材本身水分含量不足时，我们就会用水来支持加热所需的时间。

水分与食材的关系，常常并非是你原本的理解或单纯的肉眼所见。例如"蒸"这个加热法，虽然有些食材可以不用浸泡在水里，但也不可忽略它在密闭的锅具中，因为加热的蒸气状况改变而回流滴下的水分。如果你家里有蒸炉，观察一下给水箱的耗费水量与打开箱门那一刻的烟雾弥漫，你就可以目睹水对于食物加热的重要。

关于烹饪的5个动词

所有常会出现在食谱或菜单上的调理法，
都不外是煎、煮、炒、炸、蒸这些动词的地方称语或复合应用。
你应该好好了解厨房中常用的动词，了解热能的传送原理，
为你的食材演员找出最理想的表演形式，展现完美演技。

Fresh corn solsa

我们最常用"煎、煮、炒、炸"来形容烹饪之事，而仔细想想，除了"烤"之外，所有常会出现在食谱或菜单上的动词如：烧、贴、烩、酥、烙、灼、涮、拌等调理法，其实都不外是这几个动词的地方称语或复合应用。

一旦通透这些看似繁花似锦，但万变不离其宗的事实之后，我想你应该会想要好好了解厨房中常用的几个动词。

在讲解动词之前，我要再帮助你看见动词的重要。想象自己坐在陌生国度的餐厅，阅读一份完全不熟悉的料理点单，我们无法仅从当地人惯用的菜名来了解食物，例如：Escalivada 或"海老天"，但是，如果在菜名之下有另一份简短说明，我们就可以得到帮助。

这样的说明通常会包含我在这本书中不断要表达的三个要素：材料、动词与调味。

Escalivada—Roasted Vegetable Salad（动词：烤）

海老天——裹面浆的炸虾沾萝卜泥酱汁（动词：炸）

虽是两样异国料理，菜单中因为有动词的传达而帮助我们对陌生的饮食建立了具体的理解。反过来说，如果你要向一位外国朋友说明"锅贴"或"粽子"等习以为常的食物，不借用动词的功能，似乎也很难说得清楚。

以下五个动词都是用来递送热能给食材，而递送热能的方法有传导、对流与辐射。当你开始关心做一道菜的热能传送时，才会慢慢了解为什么要选择这个动词，而不是另一种。

煮

煮是利用水的热对流使食物熟成。一份食材到底要煮多久，通常时间的长短，是根据食材本身的质地与裁切的大小来决定。像肉类的筋膜如果只煮熟却没有煮烂，就只能入口却无法下咽，因此没有人把未经处理的牛筋涮来吃。另外，同一种食材，切得较大块当然要比切成小块熟得慢，因此对同一个锅具与同一种火力来说，时间与尺寸是对应关系。

至于味道的深浅依附，则是靠加于水中的调味料来决定。也就是说，并不是煮很久的食物就会很入味，除非你的水中加够调味料，否则如果只是白水煮得够久，所改变的只是质地并非"入味"。

依照煮的定义，食谱中常见的动词如：炖、红烧、白灼、烫、涮、氽、焖、酱烧等，都应该归于这个动词之下。厘清定义会收束我们操作上的混乱，这是我特别要提醒初进厨房的人，十几个不同的菜名，在厨房中其实只是同一种演练，请不要紧张。

人类的熟食自森林大火的"烤"之后，继之而来的烹调方式就是"煮"。陶器大约在万年前出现，起先用来装盛水，后来发现可以放在火上，煮的早期形式即进入人类的生活，我们的饮食也开始与温度产生千变万化的关系。而中国的"鼎"，也是从炊具上升为礼器的。几千年来，煮的千奇万变引导着食艺、器具的进步与味觉的探索，大概是因为这个动词的用法最广，所以我们一般就用"煮菜"来代称下厨烹饪这个总体活动。

要认识"煮"这个动词，一定得同时了解"温度"与"水分"缺一不可的相伴意义；也就是说，如果没有水分而进行加温，这个动词就不能叫"煮"了。为了使你更清楚这样的关系，请想想一把米有温度却没有水分的时候，它会变成什么？

——"米花"或"米香"（动词应是"爆"，归在"焖炉烤"之下）。如果米有适量的水又有温度，它就变成"饭"；如果水量过多，温度持续，就可以炖煮成一锅"稀饭"。所以煮的基本型是温度与水分，再经由水的比例与不同的调味而产生变化型。

蒸

蒸是利用水加热所达到的高温使食材熟化。蒸是快速的加热法，尤其是当蒸笼或蒸炉很大的时候；而蒸最该注意的是热气与食材之间的对应关系。

常常被误会的是："蒸"过的东西，因为水汽会凝结在食物与容器上，大家就以为这是一种能保持食材多汁的加热法。其实，当食材中的水分达到沸点，水分还是要挤出食材之外的，所以，蒸太久还是会失去很多水分。

面对食材的时候，你要想一想，是不是非用蒸不可？如果煮只是失去一些水溶性的养分，而不失去质地，那么蒸煮之间的选择就是何者方便的思考了。

不只是决定要不要蒸，老练的厨房工作者也会决定用哪一种火力来蒸。因此除了加热底炉的火以造成蒸气的火力，锅盖的紧密度也可作为调节之用。

只要拉开一点锅盖，就能使原本密闭的热气流有机会混进锅外的冷空气，以降低原本过高的温度，让某些不耐高温烹煮的食物得到更好的条件。

不过，当然不能拉开到空气无法形成对流，即使火力开到最大，当锅盖打开，热气也只是升腾而无法回送，就不能称为蒸了。

什么样的食材合适于蒸或非用蒸不可呢？

○ 食材本身含水分较多，或切得比较薄——像是鱼、贝或薄切牛肉、豆腐。

○ 不想被水分稀释掉味道，又不想用油或高温处理的食材——像中国各式腊味都会先蒸过再考虑是不是与其他食材拌炒，好比说蒜苗腊肉、蜜汁火腿的第一道手续都是"蒸"。

○ 方便——蒸是一个送入蒸笼或蒸炉中就可以不用照顾它的方法，在忙碌的供餐系统中很受欢迎。

○ 形状脆弱或必须靠蒸来成形的食材——有一些食物无法放入水中煮，例如与水混合的蛋汁，还有不同谷类磨粉后以不同比例调水而成的"粿"，都必须用蒸的方法定型。

炒与煎

我把炒与煎放在一起，是因为这两个动词都是以"传导"为热的递送方式，只是煎比较"静态"，炒比较"动态"。食材如果以煎处理，安定在锅中的时间会长一点；如果是炒便会来去移动个不停。

虽然多油大火的翻炒一向被视为中国厨房的独门功夫，但应用平底深浅锅的不同民族在料理食物时，只要是做出快速拨动以使食物受热均匀、避免烧焦的动作，便都是"炒"的用法了。

烧热锅子，借一点油来进行比煮更高温的热处理，就是煎与炒。但两者还有另一种差别则是"热闹"：煎的食材多以单样出现，但炒就经常要呼朋引伴同舞于一锅。比如说，煎一条鱼可以单纯上桌，炒鱼片就总要加一点其他的食材才像样。决定用煎或炒，还是得回到食材本身的条件来考虑。炒是多面取香但短时间的调理，所以如果是质地坚韧的食材，切得再细也不能只用炒来处理，而必须先煮烂。像牛肚、牛筋这些食材以炒的方式上餐桌时，都已经先以另一个动词"煮"处理过了。

中国炒锅的弧度很奇妙，适合食材的滑动，因此中国各菜系在炒的发展上也最为多样，如果要自在地炒，中国锅当是首选。而平底锅因为锅底受热比较均匀，食材体积如果比较大，用平底锅煎会比用中国锅煎理想。

炸

炸的完整名称应该是"油炸"，无论是用哪一种油，炸代表的是油与温度配合所进行的热递送。就像"煮"借着水的热对流、"蒸"借着空气的热对流，"炸"是利用油的热对流。炸应该分为浅油与深油两种，而浅油的炸其实又与煎十分相似，食物只有单面泡在油中。

除了油的种类之外，食材通常会以两种状态进行油炸。这里不进行分类或建议，有些两种皆可，有些因有后续处理或质地适合一方，但很难规则化。

○ 食材完全不覆盖，直接进入油锅中加热：最常见的有日本料理店的炸青椒、中国的炸香肠，中国菜最常用的前置作业"过油"，也是一种低温油炸的方法。

○ 无论厚薄与干湿，在食材上先覆盖一层粉与面衣，再进入油锅：覆盖在食材上的粉与面衣如今实在有太多太多变化了，很难一一道尽，但基本上应以干、湿分为两大类。比如说，常见的干沾粉有：太白粉、地瓜粉、面粉等（如184页《鸡肉》的【柠檬鸡条】就是以地瓜粉来炸）；而湿面衣最著名的莫过于日本的"天妇罗"与法式面粉、蛋液、面包粉三层的炸法（如130页《猪肉》的【炸梅花肉】）。

因为油比水的沸点高很多，食物表面很快会干燥褐变，散出多数人都喜欢的香味。但油炸的问题是健康与环境的污染，因此一般人并不喜欢在家里操作油炸料理。如果在家里做，一定要注意安全的问题，食材的表面不能有水滴，这样很容易在炸的过程中引起油爆。由于水分达到沸点一定要蒸发，蒸腾而出时，夹带着高温的油滴常使人受伤，要特别小心。

烤

烧烤同时是最原始也最进步的烹调法。远古那场森林大火烧烤了来不及逃脱的野兽，使人类有机会了解熟食的滋味，而且第一次就知道了最香的吃法，这是最原始的烤肉。因为对这样的香味念念不忘，直到今天，越来越精密的烧烤器具还在被研发，也因此我们说它是最进步的烹饪法。烤还是应该分为两大类来认识——

○ 焖炉烤：食物在密闭的烤箱中，借着空气的热对流与四壁的辐射热而熟成并产生香味。大多数面包用的就是这样的加热方法；小时候在乡下烆窑烤番薯，也是焖烤。

○ 开架明火烤：热从上或下或四周，以明火进行热处理。像日本小料理店的串烧或烤鱼、中东的烤肉沙威玛；中秋节家家户户扇个小火炉，用网架烤肉，都是开架明火的烧烤。

火力在下的炉具，好处是食物的受热总是很理想，因为热空气往上升；但缺点则是，当食材的油往下滴的时候，就容易造成油烟与更大的烈焰，很容易烧焦食物。因此，另一种把出火管安排在上方的炉具就应运而生了。这种烤炉很方便，可以升降好几层的高度，使食材不断改变受热的状况，对于比较薄、油脂多或腌酱浓的料理来说最为理想。这种炉的下方还有一个水盘，如果食物在烧烤的过程中滴油，滴在水上的浮油会立刻降温，比较不容易污染。不过这样的炉具都只用于商业场所，因此也很少有精美的产品，但实用性确实很高。

家庭烤箱都是焖炉，但因大小与功能设计的差别，供应的温度条件也不同。善用烤箱要注意的地方与蒸炉一样，食物与空间要有理想的比例，让热空气的对流够顺畅，才能烤出理想的作品。

喷枪也是烤的工具之一，可以创造出烧炙的效果。日本料理常把脂肪含量较高的生鱼烧炙一下，增添几层香味；而冰凉的烤布丁需要一层焦糖时，如果再把布丁送回烤箱就会改变整个布丁最理想的温度，因此直接用喷枪做焦糖片是解决的方法。这也是热处理的一大进步，烤具等于可以灵活地移动了。

掌握调味

调味的难，就在于它的没有规则。
对于不同的食物有广泛的认识、心胸又开放，
把喜欢的味道收存在脑中，并在做菜时小心印证也大胆练习，
你所掌握的调味一定会越来越好。

调味当然有天分的问题，不过，它也是经验的累积。如果你喜欢做菜，一定不要错过对于调味的练习，最好的方法就是：把喜欢的味道收存在脑中，并在自己做菜的时候小心印证也大胆练习。

早期日本在训练西餐厨师的时候，并不喜欢收"乡下孩子"当学徒；我们先不要对这个想法产生反感，一起来思考这种主张背后的原因，它反映的其实是时代的生活故事。当时有这样的考虑，完全是基于对"见识"的重视。当饮食还未商业化之前，乡下孩子的经验多半来自家庭，自然是比较狭隘的，也因此这个规定只是培训的门槛，具有简单的筛选作用，应该没有歧视的意味。但今天，各地的饮食经验不停交换、激荡，城乡差距已经不大，没有人能再对乡下孩子的烹饪天分感到丝毫的怀疑。

调味不只是糖、盐、酱油、醋等瓶瓶罐罐的美好组合而已，它是厨房剧场的"实力"。表面上看起来一模一样的两道菜，调味足以决定高下。调味是无穷尽的变化，可以深入其内，可以停在表面，但又不是每道菜都非得怎样不可。有些食材煮到味道透里最好，有些食材就是得靠表面的味道来带路才能深入原味之美；调味的难，就在于它的没有规则。一个人如果对于不同的食物有广泛的认识、心胸又开放，并愿意勤勉地练习，他所掌握的调味一定会越来越好。

我把调味的变化整理出几个项目，希望帮助大家了解这个复杂而有趣的问题。

同料不同调

著名的台南小吃"炒鳝鱼"虽有过很多报道，但足以表达烹调精细之处的店家，我认为则

非"阿江鳝鱼"莫属。鳝鱼的做法在台南分为打卤（芡羹）与干炒两种，虽然每一家都是这样分，但并非每一家能在干炒与湿烩之外完整地独立出各有风格的味道。大概来说，都只是热处理的方式不同而已——一种勾芡，另一种干炒，但味道其实很近似。

阿江则不同，他的打卤是甜的，干炒却是明显的咸，没有换汤不换药的模糊感。至于辛香佐料，甜与咸是一模一样的：现拍的蒜瓣、完全没有因水伤而出味的洋葱和青葱。但他这仅有的两道菜却能在相同的食材与佐料下靠着调味而让特色各自突显、完全分明，我认为阿江是少数真正懂得精确掌握调味品中甜与咸特色的厨师。

阿江的甜咸掌握可以作为调味最简明的切入。台南为什么只有阿江摊上卖鳝鱼汤，又为什么如果他没空就不做这道汤？我没有问过，但不难推想：鳝鱼水煮是会有腥味的（现在可能要再加上养殖塘的土湿味），而阿江的鳝鱼汤其实是把干炒过后的鳝鱼加水滚一下做汤——这是老式台湾菜的做法，如什锦汤面或麻油羊肉都是这样处理，意在先从热锅中取香以压过生腥杂味。我想这就是他没空就不煮的原因，因为两道手续不只多占炉台又费时间，这也是这道汤确实好喝的理由。

不过比起干炒，汤的热处理又多花了一点时间，食材起锅后也泡在热汁里，鳝鱼的脆能保留的时间更短，吃到后头，鳝鱼片也就难免较糊了，这又能说明温度对食材的密切影响。

平衡与层次

调味除了要像"阿江鳝鱼"一样善用基本味的特色，调味品之间的平衡也是一道美食能够流传下来必须通过的考验。平衡在调味中的意思并不是用量均等，而是彼此之间达到一种最高的和谐，是互相帮衬的意义。

味道的平衡需要经验的批判与探求，有些初下厨的人不够了解调味平衡的问题，用的是错误的补救法，太咸了加糖，太甜了再加盐，如此没完没了地加下去只是造成更大的错误。咸的另一头不是甜，是"不咸"，所以要先设法回到中点再继续往下调味，缓冲或脱出咸味都是办法之一，在甜咸中加码拉扯就不是。

除了各种平衡，味道确实还有层次的特色，但因为我们已经很习惯用大量的形容词来包装食感，陈腔滥调中反而浅释了"层次"的意思。我想用一种最常见的辛香料，来说明味道的层次——蒜头。

以蒜头为例，从生蒜开始，经过不同的温度，蒜的香味会不断改变。你可以试试看，如果烤或煎一块牛小排，你喜欢配生蒜或是酥炸过的蒜片？如果炒一道丝瓜，蒜片先爆与最后再下又有什么不同？这会使你从真正的体会中了解同一份食材的味道确实有层次的分明，而得以超出五味的分辨，进入另一种深与浅、浓与淡的感受。

排除不合适

调味要攻防得法，除了懂得把合适的伙伴集合起来，避免非相关分子进来搅局也很重要，这是去芜，前者是存菁。

这种不合适最常出现在异国料理，起先也许是缺乏材料而有了代用的想法，后来因为商业上的名实不符也并不受责，于是越演越离谱。的确，饮食没有定则，但它确实有着保留文化的意义，这一点如果不受重视，最后各国料理的特色就会消弭于这种大杂烩中。

记得有一次我们在布朗大学的校园里找到一间很可爱的BYOB（自带酒餐厅标志：Bring Your Own Bottle）小泰国餐厅，满怀期待吃到的打抛肉竟是用西红柿酱炒出来的一盘肉糊，真是令人怅然若失，但这也是料理外传后最常见的转型之失。

根据文字的记载，中国人要比法国人更早就重视食物与味道的协调，《论语》中不是记有孔子很排斥不合适的搭配吗？不得其酱他就宁可不吃呢！但如今台湾的饮食在百花缭乱中已是过度的混搭，有些失去基本美感了，让人想起长崎的"桌袱料理"。

这样很可惜，还是吃得少一点、简单一点，但回归到"适材适所"的原则吧。

调味的时机

该在什么时候调味，常是初学烹饪者的疑问，我把这个问题先一分为二：调味有时是"送味道进食材"，有时是"引味道出来汇集"。如果你能想一想，这一定有助于你了解何时是最适当的调味时机。

比如红烧或卤煮，就是要把味道送进食材去的做法，如果等到食物都熟了再调味，时间上已经晚了一点，因此卤汁的味道应该先决定，再用其中水量的增减来支持加热所需的时间。

汤就不一样了，尤其炖煮的汤通常是想把食材的滋味引出在水分中表达，如果急着调味，常常会过度。举例来说：南瓜、排骨、洋葱这三样材料同煮是一道永不会失败的汤，但如果你喝过这种汤，知道它甜味很重，所以一开始就猜测要加糖、加盐，那这道汤大概是一定要失败于腻口的。你应该等洋葱与南瓜都把甜味滚煮出来，再决定最后的味道，特别是食材已经各有风姿的一道汤品，就先让它们表现吧！你会感到惊喜的。

破除旧迷思

越没有下厨经验的人越会执着于某些调味品的使用，这也是应该破除的迷思。如何破除呢？动手去试你觉得很重要、非坚持不可的事，实验要比空口辩论好。

如果你问我：煎鱼之前要不要先用薄盐腌，那我会说两种是不同的滋味，无论如何你得自己去试，才能了解我说的不同。要不要用冰糖煮菜？有人说它很补，补什么呢？冰糖的成分不过是糖与结晶水，但如果你把它用于凉拌或快煮的菜肴，还没完全溶解就已结束制作，你的调味不会准确。这简单的想法将帮助你从不同角度认识调味品，不需要执着小处。再以营养来想，别说它不是仙丹，就算是，那一点点用量是不是那么重要，也就清楚了。

我建议破除迷思，是因为将有各种听不完的新主张会出现，为了让你自己过得更轻松、更有行动力一点，就从基本的调味料下手吧！能信任平凡生活的健康也是一种难得。

厨房中的粉

勾芡最忌讳芡粉聚结成粒地出现在菜中，这是温度使粉不均匀地凝固，
只要调整火力与搅拌动作，就可以把芡勾好。
不要为难自己，温度可以慢慢来，你之所以会手忙脚乱，
只是因为还不熟练就硬逼自己一次到位，练习真是不可少的步骤。

现在的人接触很多烹饪讯息，即使不下厨的人也知道"勾芡"的意思。但仔细一问，才发现这个词中的"芡"已被遗忘，还被错以为是"太白粉"的别称。

芡是水莲科植物，俗称为"鸡头米"的芡实，是芡粉最早的制作材料；现在通用的太白粉，则多以马铃薯或树薯制成。日本的"片栗粉"用法与太白粉相同，但其材料是鳞茎植物"片栗"，因产量不多，所以价格不低。

就烹饪而言，"凡调入粉而使汤汁浓稠"的方法，现在都可以叫作"勾芡"。有太多种淀粉具备这样的功能，因此，什么样的食物会用什么样的粉来勾芡，在物流还未像今日这么方便的过去，可想而知，"取材方便"一定是惯用的模式；另一种情况则是，在厨房缺少某一种材料的时候，巧妇会以另一种功能相近的粉来代替。

值得一提的是，并非所有浓稠的食物或酱，都是以粉来勾芡。例如西式浓汤，有些是来自食材本身或乳品的条件；而韩国著名的人参鸡，汤汁的浓稠则来自糯米的贡献。

粉类取材不同，黏稠的效果自然也有些差异。芡粉、藕粉、太白粉、玉米粉、片栗粉或地瓜粉虽然都能产生不同程度的透明感、晶莹度，但吸水量与冷热的反应各不相同。玉米粉很安定，冷却后不会变稀，所以常用来做甜点的材料；地瓜粉则因特别香酥，油炸时得人喜爱；如果要非常透明洁净的汁液，那片栗粉会是更好的选择。

粉也应该保持新鲜，所以不必买各种各样的粉以备不时之需，我认为一般居家厨房中，只要准备有市售太白粉与低筋面粉，就已足够应付多数的料理制作了。一次不要买太多，如果放太久，既不新鲜还会长小虫。

勾芡的技巧

我要提醒一下用太白粉勾芡时值得注意的几个地方。通常，有三种情况会需要勾芡——

○ 中式浓汤：如西湖牛肉羹、台式肉羹、竹笙发菜羹等，待浓稠的水量最多。

○ 把一道菜的汤汁加浓，其中的水量比汤少但比平常的菜肴多：我们多称之为"烩"，如烩饭、海鲜烩豆腐。

○ 把菜中汁液稍做收束，呈现晶莹剔透之感：这种情况粉的用量最少，希望整道菜的勾芡若有若无，平添自然的浓度，常是炒类或红烧时最后一笔的装饰。

三种勾芡都忌讳芡粉聚结成粒地出现在菜中，要避免这样的"穿帮"之作，请注意搅拌的细节。是温度使粉不均匀地凝固起来，只要调整火力与搅拌动作的搭配，就可以把芡勾好。不要为难自己，温度可以慢慢来，你之所以会手忙脚乱、顾此失彼，只是因为还不熟悉这样的道理就硬逼自己一次到位，其中的练习真是不可少的步骤。至少要练习过一到两次，才能享受信手拈来的自然。

另一个值得注意的问题是：无论烩或羹，如果要做滑蛋，请在勾完芡后再滑入蛋液。淀粉有柔化蛋白质的功能，注意了这个小小的工序，就能使任何粗细的滑蛋都更漂亮可口。

勾芡的比例

以下是勾芡比例与热量说明的参考数据。自己管理生活，才能避免无谓的惊吓；网络流传的消息，与其说要信或不信，不如说端视你有多少正确知识，以及自己能否掌握饮食制作。

○ 粉与水的比例约为1∶1最合适。水太多，会影响汤汁原本的浓度；粉太多，不好搅拌，调好水的粉很快就沉淀，每次要用都必须再拌匀。

○ 适合中式汤羹的比例，可参考以下建议：每150毫升的汤汁以1茶匙的粉来勾芡。1茶匙的粉约重5克，每克的太白粉约是3卡。

○ 烩的浓度需要比汤更高，请以100毫升与1茶匙的量为参考。

摆盘的观察与领会

如果在做菜的一开始就想到摆盘的规划，

有些食材的切法即可提前得到良好的定位，形成摆盘中可利用的条件。

而一如看戏，局部特别好是一种遗憾而非优点，

因此，我总是以"整体考虑"作为方向，来思考我的摆盘。

摆盘就像一出戏剧中"美术指导"的工作，他们为戏剧表演统筹规划，使戏中所有的元素能互相吻合，让表演的视觉风格达到统一。

"摆盘"这个看起来好像是在最后一刻才完成的工作，它的思维启动却是越早越好。如果在做菜的一开始就想到摆盘的规划，有些食材的切法即可提前得到良好的定位，形成摆盘中可利用的条件；所以，越有前导性的摆盘概念，越能使一道菜的视觉效果有所突破。

用来盛装食物的器具常被过分强调其独特的重要性，但无论多美的器具，它不只要跟食物本身做美的协商，还要同时跟桌上其他的食器做风格的整合，因此，独树一格、美丽出众的食器，也未必是最好的选择。

在这一章中，我不多介绍器具，想偏重地谈食物与食器的关系，如此才会帮助你更好地使用手中已有的餐具，而不是一心想购买新的。一如看戏，局部特别好是一种遗憾而非优点，因此，我总是以"整体考虑"作为方向，来思考我的摆盘。

比例

盘子是背景，透过这个美学设定，我们用以呈现一道菜的风格，因此比例事关最重大。背景大一点，食物在当中就显得宽裕、大器一点。这跟盘子本身够不够美并没有绝对的相关，再美的盘子，把菜挨边齐缘地挤上满满一盘，怎么说都很难让人赞叹。比例是视觉上的留白问题，至少要预留一点盘子的空间让菜可以有背景的衬托。

食器与食物结合之后就是容器了，并非摆在柜中、立在架上的装饰品。因此，真正很

有"看头"的盘子，当成摆在桌上的进食盘更能突显特色；如果用来装菜，就得好好为它设计合适的食物，使之相得益彰。

一如下面照片中的这只盘子，因为图案已经丰满，装一盘花花绿绿的菜并不好看，但如果当西式餐点的前菜盘就很不错。

立体

摆盘的立体不一定是指精工细致的费心之作，即使炒一道家常的青菜，也应该注意在上盘时为自己的作品做一个最好的结语。出菜前整理一下盘子当然是必要的，但并不是先随便把食物倒入盘中，再花时间去整弄，这样不但浪费时间做两次工，还犯了做菜最大的忌讳：翻来翻去都翻凉了。

上盘的立体是有简单的技巧可学的。先把锅里的食物倒出三分之二的量在盘中作为基底，倒的时候就要注意食物是否落在正确的位置上。接着再把所剩的食物从锅中堆栈而上，形成自然的立体感。

装饰

装饰要适可而止，不要刻意求工，更不要一成不变。有很多装饰的方法单独存在并不难看，但与食物整合之后却不能达到加分的感觉，因此，还是要回到最大的原则——"以整体最美为考虑"，拿掉多余。

除了过度繁复之外，生食材也常会对摆盘造成不协调或不稳重的影响。例如生西红柿、生辣椒虽是看起来很讨喜的红色，但浅浮的红色常与煮熟的食材不搭衬，如果稍煎或烤，就会使颜色更稳下来，上盘装饰时也会有更好的效果。

装饰用的香料植物则需要注意形的问题。例如以香菜做装饰，并非把香菜放上就好，如果能挑细小一点的叶片，一心几叶地重叠，像安排一个小花束再上盘，整盘菜的精神样貌看起来都会不一样。

避免败笔

远离厨房不是避开危险的好方法，
了解危险在哪里、问题是什么，才是由负转正的开始。
正视厨房里的负面状况，用理解的方法建立谨慎的工作习惯，
能妥善避免厨房剧场里的败笔。

Dessert: Shiro-an mochi

我一直都让小小朋友拿大刀，有的人看到照片时忍不住深吸一口气替我紧张，有的人则是因为刀与孩子的身形不成比例而笑开。曾拿过如此大刀的小朋友不下几百个，除了以"不知道危险在哪里，就不知道安全是什么"为教导宗旨，来帮助孩子更谨慎行事之外，我也想要借着亲近工作来开启他们的防卫本能。

我们常常说的"意外"，指的就是：根本不把危险放在思考中的时刻。如果一拿起刀你就想到什么情况会被切到，什么角度、速度是不正确的，头脑的讯号会帮助你提高警觉，而后肌肉的记忆会使动作自如。

我从小在设备还很简陋的厨房中了解了困难、阻碍与危险，几十年来即使一路体会厨房科技的转变，对于危险，也已从幼年熟悉的基本工序中形成一种机制性的反应。如今，任何对我来说熟到不能再熟的工作，一上阵，我的头脑还是会立刻出现一套警讯，我想如果不是靠着这套防卫机制的自动执行，我一定常常受伤。所以，这一章的几个讨论是要鼓励你：正视厨房里的各种负面状况，用理解的方法建立谨慎的工作习惯，以避免厨房剧场的败笔。远离厨房不是避开危险的好方法，了解危险在哪里、问题是什么，才是由负转正的开始。

刀伤：遵守用刀守则

无论你习惯用哪一种刀，要安全地使用这容易伤手的工具，有几件事一定要放在心上。

○ 不是只有眼睛没看清楚，刀才会切到手，打滑也是一个常见的受伤理由。打滑的原因有两个，一是砧板与台面的摩擦力不够，所以你应该在切东西前，用一块沾湿后拧干的抹

布垫在台面与砧板之间。砧板稳了也还有可能打滑，那就是食材在切面上不够稳。球状的蔬果特别可能有这种情况，水分太多或太油的鱼肉类也会有类似的危险，所以沥干或擦干食材很重要。圆滚滚的材料可以先切出一个稳固的贴面；切硬的食材，更要注意下刀之处是否晃动，万一下刀打空也很危险，像是南瓜、大的地瓜都属于这一类食材。

○ 除了切到手之外，另一种刀伤也很常见：厨房新手常常用完刀就随手一放，完全没有想过会拨到或掉下。请习惯在用完刀之后，随时让刀柄保持在不超出砧板外缘的位置，将刀口朝内放好。

○ 一把刀有刀尖、中锋和刀根，要善用不同部位来处理食材，才能帮助你更安全也更轻松地切。想通这些好处，你慢慢会习惯更灵活地移动一把刀，而不是想要拥有更多把刀。不驭于物的生活从善用工具开始。

烧焦：了解焦的原理

烧焦是食物过度受热的情况，最常见的当然是焦在锅底，也就是食材与传热导体的接触面。但如果火太大，超过了锅底所需而飞上锅边，常常也会焦在锅缘，也就是水分先散尽而浓度最高的表面。

但焦不一定只是水分不够造成的现象，所以一定有人有过这种经验：煮粥、煮汤时，水还很多却焦底了。这是因为除了足够的水分之外，同时要有另一个条件：水要确实地形成食材与导体之间的隔层。为了达到这个目的，我们会以不伤锅子的工具仔细地推动锅底，用触感确定食材没有黏附在锅具上。

有人把白萝卜成段切好后直接放入锅内，开始以白水煮，不多久就闻到焦味。这是因为开火后忘了去动一下白萝卜，而平切的圆块刚好紧紧贴在锅底，虽然四周绕着水似乎很安全，但直火烧着的锅底与紧贴着那一面的白萝卜，关系却一如烧烤，当然会焦。所以，当你明白温度与烧焦的关键原因之后，请慢慢从观察中建立自己对火的了解与掌控，了解热处理才能让厨房剧场不紧张。

除了火与水之外，也不要小看眼睛所看不到，利用"空气对流"或"辐射"所传递的热。有位朋友做焗烤，起先一切非常完美，正要上色时却连焦两次，为什么？因为她低估了当时烤箱的温度，按下定时器就去做别的事，觉得两分钟很安全，第二次再试一分钟还是焦。我的建议是，这种重要的时刻就站在烤箱旁，目睹最好的颜色之后立刻出炉。

油爆：擦干食材，善用锅盖

先把油热到一定的温度后加水是很危险的，因为水在短时间里被提升到可以膨胀的温度，会挤压周围的油而造成喷溅，如果锅面没有被整体覆盖起来，很可能刚好喷到调理的人因而导致受伤。荷包蛋就是最常见的例子。

煎东西时，请注意食材要尽量擦干，同时记得锅盖可以帮助你在瞬间抵挡一下万一发生的油爆。有时候，大家会以一层薄薄的沾粉来解决这样的问题，沾过薄粉的食材除了更容易造成较为整齐的表面，也会有不同的香味。

烫伤：保持冷静判断

在厨房里要避免烫伤，除了善用手套、了解火与自己的正确距离以及干抹布比湿抹布安全这种种基本知识之外，还要学会不随便做出任性的反应。

我这样说，是因为有时会在厨房里看到人的本能是"大惊小怪"，一碰到问题就随手一放或惊声尖叫。夸张会造成厨房里的二度伤害，只有保持冷静才能挽救已发生的危险；至少，冷静的判断与一时的忍耐不会使灾难更加扩大。万一你不小心拿起一个烤盘，走到中途才发现手套不足以耐热，立刻蹲下来放下烤盘，千万不要在空中丢出盘子。这一类的心理建设是常识，不一定在厨房里才用得上。

腐坏：注意温差与收整

要避免食物的腐坏，必须先习惯注意温度的差异。我觉得最有效的方法，就是你该相信食物真的很容易腐败，所以要注意它所存在的空间温度是否合适。如此一来，你才会有好的习惯随手收整与照顾你的食材。

采购的量稍大时，要在买回家后就以"一次所需量"分别存放于合适的包装中，冷冻的食物千万不要不分装而次次重新解冻。冰箱不要堆积太多食物，冷藏的空间不够理想时，食物也很容易腐坏。

厨房的浪漫与现实——关于厨房清理

浪漫是所有人对厨房的希望,
但要维持厨房的浪漫得有面对现实的勇气与能力。
只要我们建立更好的小习惯、拿掉不必要的大舞弄;
它可以把现实生活的精美,犹如剧场一般地表达出来。

电视、食谱或部落格中关于食物的照片总是拍得很美,而且"去芜存菁"地只留住浪漫的一面。浪漫是所有人对厨房的希望,但要维持厨房的浪漫得有面对现实的勇气与能力。

提醒你看见厨房里的现实,并不是为了破坏浪漫的想法,而是这种训练会使你更懂得如何运作厨房剧场。当我们坐在观众席上看戏的那段时间,所有的准备都已经妥当:灯光很美、演员就位,你的感受也很专注,集结出这份完整的美好是许多琐碎的事前准备。然后戏散了,在我们离场之后,还有许多工作等待被收拾,这前前后后加起来的工作就是剧场的现实。

看到这里,有些人会说:"这就是为什么我不想下厨的原因嘛!我早就知道做菜很麻烦的。现在餐厅很多,我们又没办法煮得比专业厨师好吃,要吃什么出去吃就好了,吃完了还不必洗碗收拾呢。"

言之成理。不过,这样想的人大概也只能永远当一个观众,对于"导"与"演"生活这出戏,恐怕是无缘享受其中的乐趣了。我常常思考,开展自己的厨房剧场,除了享受"忙"的乐在其中之外,还有什么特别的价值呢?应该是"创作感"吧!——这是人的原始需求,当我们心里充满了不同的经验和情感,创作的满足便使得狭窄的生活有了延伸的各种可能。

从实务中生出领悟

我认为厨房最符合浪漫想法、也是最富有诗意与充满幻想的部分,就是它允许所有的创作发生——只要你有足够的行动力并愿意集想象、经验于一处。对我来说，厨房的浪漫也在于它的文学性，我的生活领悟经常源生于厨事的点醒。现代人的生活，过程被商业缩简了，情感也被商业扩大了，生活的肌理与纹路因为没有活动真正的细节，其实是平板的。文学原是为生活服务的，也只有在大量的生活实务经验之中，文学家才能淬炼出安抚人心的作品。

记得有一次，我跟先生在一家餐厅点了一条活比目鱼两吃，两种味道都调理得很好，但食材的切法却有问题，因此那餐吃得很辛苦，时时怕被刺着，原本的享受变成了如履薄冰的戒慎恐惧。鲽形鱼类的比目鱼，两眼都在身体的左侧，它的肉只集中在圆形鱼身扁平的一侧，因此较细心的厨师会从中骨片下鱼肉再切块，这样可以把肉与骨两半分开，以不同的方式调理，既享受肉的细美，也享受细啃鱼骨的乐趣。

那天厨师在处理这条鱼的时候是直剁成块，等于每一块都既带骨又带刺，鱼肉因是裹粉而炸再淋酱，我们凭肉眼无法判断出哪里有骨或有刺，吃的时候非常麻烦。不过，那一餐给了我一点重要的领悟：我们的生活也常常如此，有时候是不知避开麻烦而误蹈繁复，这还情有可原；但似乎有更多时候，是我们怕麻烦，而不愿意在先前做好足够的准备，于是得付出质量的代价。我从此面对食材，就更用心思索"值不值得偷懒"的选择。

让好习惯经营出真浪漫

要正视厨房的现实而经营出生活的浪漫，最重要的就是建立良好的"工作习惯"。这里所说的工作习惯，不只是每一章我所提醒的烹饪步骤，更包含了清洁的思考。

厨房的清洁有其逻辑性，愿意在事后大清大洗固然是一种决心，但避开不必要的工作拖累则是生活的智慧。例如移动汤汤水水的

TIPS

厨房清整大原则

○ 采购回来的东西，能处理的先处理。

○ 处理食材的顺序：水果、蔬菜、豆制品、鱼肉，这不只是效率的问题，更重要的是卫生的兼顾。

○ 处理食材前，如果水槽内有堆积未洗的器物，先洗起来，绝不要让任何不需要的东西妨碍你的工作动线。

○ 洗碗盘或器物前先估量一下，要不要先堆栈同类型或小件的物品，从大的洗起；这不只是空间的问题，也会让你比较有成就感，对工作中的自己是一份重要的鼓舞。

工具时，是否能养成拿一只小盘接应的习惯？又例如总会湿或脏的手，能不能不要往身上的围裙抹，另外准备一条擦手巾挂在腰处或口袋？一块布总是比一条围裙容易清洗。

大概没有人精确计算过不注意这些工作细节所造成的时间浪费，但我所看到在厨房团团转的人，并不是因为厨艺不熟，而是忽略这些必要的小节而麻烦了自己。

我有一位亲戚很可爱，她很爱做菜，也做了将近四十年，一天突然在深夜打电话问我："我先生问，为什么我做完一餐饭，整个厨房就像打过一场仗那么乱？"我听完大笑，想着唯一的原因就是，她确实是以打一场仗的豪迈去进行那水里来、火里去的烹调活动。但，厨房尽可以是浪漫的，只要我们建立更好的小习惯，拿掉不必要的大舞弄，它可以把现实生活的精美，犹如剧场一般地表达出来。

TIPS ——————————————————————————————

厨房清整小提点

○ 除了锅面之外，锅底与锅边要记得清理干净，否则下一次烹调时，一接触火就等于直烧，会先引起油烟。

○ 削刀、洗菜篮记得用刷子或牙刷清理。

○ 落水头与下水道要定期清理。

○ 细砂纸可以用来刷掉菜瓜布无法去除的焦垢，对不锈钢或陶瓷水槽的清洁维护很有帮助。

○ 抹布最好每晚在结束厨房的清洁之后都泡洗起来，以免经夜引来不必要的虫噬。我有烫抹布的习惯，这使得抹布更耐用，也更有质感。

○ 整放餐具时，该大小堆栈的不要介意一下下拿取上的不方便，长时间来看，在有限的空间中，还是应该这样处理才好。我有两千多件餐具，虽然有五个大落地餐柜，还是不能不堆栈，但因为有系统，也并不乱。至于小空间，食器则应该同类直放而不是横放摆着好看。

○ 要记得电子锅盖的清理。

○ 别忘了烘碗机与微波炉要定时清洁，烘碗机的水盘很容易长菌，最好每天清洗。

○ 洗碗机加醋可以更干净、除臭味。

○ 餐具的收整可用分格盒。

○ 药用酒精可以除腥臭。

Practice 实作篇

通过概念的分享之后，我想回到学习得遵循的方法：了解工法、安排工序。我以八种日常食材来分类这些食谱的练习，希望有助于你厨房中的演出。

生活全是脚踏实地的事，谈生活就不应该离开实作练习；在我们做得熟而生巧之时，创作与快乐自然会出现。

我很喜欢梵·高写给弟弟提奥的家书，他一直如此努力，是因为他热爱生活——不是只用感情在爱，而是用一次又一次的尝试来表达。所以，在一封信中，他对于自己终有一天定能创作出杰作有着这样的倾诉："我努力写生，这就是我能够想象我的创作可能会到来的理由。可是要说明习作在哪里结束，创作从哪里开始，是不容易的。"

对于做菜，我的理解跟梵·高对自己的画是全然同感的；或说得更真切一点，不只是做菜，我相信生活中所有的创作，都得脱胎于用心的习作。

主食 Main Food

这里所要谈的主食，以一般家庭常吃的为主，最重要的当然是米食，其次是面食，也谈一点马铃薯，这样大概已足够家常与宴客所需的考虑。

虽说是主食，但在饮食习惯大有改变的今天，主食在一餐中的配置常常不再占有很重要的比例，尤其是常常担心体重的女性，有些人甚至刻意远离淀粉食物，但这种营养观念其实并不正确。

不同地区的人习惯的主食不同，本来都与物产有关，自从贸易改变了物流，饮食的结构不再受限于一地的物产，但日常对于营养的了解还是该有基本的认识。

我曾见过一位少女在医师的建议下进行减肥，只吃蛋白质、脂肪，医师要她完全不能碰碳水化合物。有一次我们一起外出办活动，大家晨起都吃得清淡，只有这个孩子的桌上放着民宿主人特地张罗来的两只炸鸡腿。无论这种减肥法的正确性是否经得起医学上的检视，我觉得光以一个人的味觉来说，就违反了自然，好替她觉得委屈。碳水化合物很重要，在不同食材中变换主食的摄取，会使你餐桌上的营养更均衡。

饭与粥

不同的米需要的水量会有差别，但只要掌握基本的米水比例，煮出来的饭就不会失败。而透明与黏性，则是一锅好粥必不可少的条件。

"煮饭"听起来很简单，直到我真正有机会与年轻人一起工作的时候才发现，过去八岁的孩子会做的事，今天二三十岁的成人虽然也可以借助电器的帮忙来完成，但观念却是模糊的。理由很简单，现代人是以电饭锅一次到位地学会了"生米成炊"的结果，不必经历失败，反而因此失去了从修正中了解原理的机会。

在这一则食谱中，我希望以"饭与粥"这两样材料相同、也是最日常的主食，来分享烹饪的基本观念。

白饭

每一种米需要的水量都有些微的差别，即使是同样的米，但用不同的炊具来煮，就有一点不同（例如最常用的电饭锅与电子锅），所以你应该注意两件事：

○ **看清米包装上用水量与浸泡时间的建议。**
○ **有外锅的炊具，先了解锅具的建议用水量。外锅的用水量代表着加热时间的长短。**

虽然不同的米需要的水量会有差别，但一般米饭的米水比例可以归纳在"一杯米，一杯水"的参考值之下来烹煮。所以，如果你的包装丢掉了，量杯也不见了，都不是大事，随便拿个容器，只要保持米与水等量来煮，就不会失败。

一份白米煮熟后约可分成三份白饭，例如米是一锅（或碗），饭就是三锅（或碗），米与饭在分量上的变化比例约为1∶2.5至1∶3。

白粥

煮粥有两个值得注意的地方：

○ **水量要一次加足。**
○ **除了滚起前要好好推一下锅底，以免米粒烧黏之外，接下来滚煮的过程中千万不要不停地搅动，以免粥煮出来的稠度不够好。**

请维持着汤汁不要滚出锅外的火力继续加热，粥煮得够透时，看起来会有一种晶莹别透的感觉，再继续加热，当然就会蒸散更多水分而使粥变浓。粥底要厚、要薄，可以随喜，但透明与黏性是一锅好粥必不可少的条件。

当煮粥的水滚起后，米开始吸收大量的水与热量进行淀粉的糊化，这时搅动是一种降温与

让表演更出色

粥有种种搭档可以配戏，而我有一个小建议：请注意角色的装扮要协调整道菜的背景。比如说，地瓜粥是乡下的家常主食，地瓜的切法就不要太工整细致。传统的做法并不是用切而是用砍的。我小时候常看到妇女坐在小木凳上斩藤生的猪菜，她们手拿一种小弯刀，因为刚好要煮饭或煮粥了，就顺便削几个曲曲扭扭、不成材的番薯下锅。拿起来修整一下丑臭的地方，随手砍成小块，这就是乡下的家常，不会为了它再去垫砧板拿菜刀，切成细细的丁。

若你很难掌握这种切法，至少滚刀块会比切得正正方方的来得好。乡下菜当然可以摆在现代化的精细餐具中与时俱进，但它属于生活的内蕴与故事，应该被保留下来才会更好！

破坏，会使粥不够黏稠。我小时候曾听奶奶用河洛话说："糜一定要黏浊。"粥的黏浊是温度与水分所产生的自然口感，与勾芡或添加糯米不同。我有一位亲戚很可爱，她不知道这个道理，每次都把粥搅得稀烂再调太白粉勾芡，为此常挨婆婆骂。我觉得她婆婆倒不是气她不能把一锅粥煮好，而是气她的不求甚解，所以同样的错老是反复，不能转成可喜的熟练；但也可能是她无处求解。过去的妇女因为很珍惜物质，必须要有理家的精明，所以在奉行不可错误的告诫中谨慎练习，留下薪传、化为技艺。

🥄 做法

1碗米配7~9倍的水量，煮熟后可6~8碗浓稠度不同的粥，浓稠度会因为你所使用的锅具而稍有不同（因为水分的蒸发量不同）。

一点小叮咛 锅盖不要完全盖紧，以火的大小来决定你掀开的出口，让锅里的粥维持在中滚的状态（如果你对中滚有疑惑，请参考《概念篇》46页）。

乐活杂粮3式

糙米饭 / 燕麦粥 / 玉米碎

我赞成所有健康的饮食主张，但饮食的美味与乐趣也不该因而被剥削。
只要用点巧思，杂粮粗食也能有模有样地登上餐桌，兼顾口感与养生。

我的父母亲是在二战期间度过成长的阶段，他们对于米饭与杂粮的印象，伴随着物质受限的生活环境而有着不同的回忆。我很喜欢听父母诉说那段岁月人们对于粮食的想法，每次都提醒我"珍惜"的重要。

今天，杂粮、粗食已不是一个贫困的选择，它以保健或美容时尚的姿态，再一次亲近了我们的饮食生活；人们改变了对杂粮的印象，使它不断有机会融入日常的主食。

我赞成所有健康的饮食主张，但反对只为了健康而剥削饮食应该保有的美味与乐趣。人只有在非常不得已的情状下，才会愿意去吃自己觉得不够好吃的食物，而不好吃就不能长久执行；因此，我建议从几道好吃的粗食开始尝试，让杂粮有模有样地登上餐桌。

糙米饭

为了健康的理由，近年来很多人喜欢吃糙米饭，收获的稻谷只脱去谷后的糙米，纤维与维生素要比白米丰富。碾去米糠层及胚芽而只剩胚乳的白米饭，因为少了壳与胚芽，咬起来比较单纯细致，但也有很多人喜欢糙米带点硬地的口感。我们家常用糙米煮饭或煮粥，而现在出厂的糙米品牌很多，很难建议你要不要泡水，所以只要看清楚包装上的说明就能应付自如。如果是在米粮店买的话，可以请教老板要泡多久的水、以多少水量来配煮最合适。

请注意：浸泡前就要把米先洗好、量好需要的水量再计时，而不是泡水过后沥干再重新量水量。有很多新手因为这个程序不对而把饭煮得一塌糊涂（水多难免就糊），进不能煮成够黏稠的稀饭，退不能回到够嚼劲的干饭，真是好尴尬。

燕麦粥

大燕麦粥煮一下，会比用水冲泡的好吃。我常用1份燕麦加3份水的比例，把燕麦滚煮3分钟再放10分钟，无论用来配小菜或加糖、葡萄干都好吃。若要吃甜的，可以用部分的牛奶代替水量。

玉米碎

玉米碎Polenta是我们家孩子最爱的杂粮。Polenta是晒干的玉米碾成的细粒，有黄、白两种，通常依不同地区的习惯煮成单纯或浓厚的味道、软硬不同的状态。在意大利，Polenta原本是穷人的主食，后来吃面包的人家发现这种没有经过发酵的主食对健康更有益，于是慢慢成为餐桌上的常客。

如果用1杯玉米碎与3份水同煮（水可以有部分用牛奶取代），它就会凝结成块。这样的Polenta切块后可以用奶油煎得香香的，外形就像我在上方的照片中所示范的。

另一种吃法则是做成更软的泥，水量约要用到1∶5，奶油可以直接添加在其中。Polenta调不调味都可以，通常以搭配的食物来决定。

调味饭3式

牛舌饭 / 腊肠煲饭 / 葱油拌饭

现代人必须随环境改变烹调法，基本的美食却不必因为无法起炭火而抛弃；
用电饭锅或电子锅煮的调味饭，就是模拟广东煲仔饭与日本釜饭的美味演出。

广东人喜欢的煲仔饭与日本的釜饭是异曲同工，异的是调味的一浓一淡，同的是早年都以炭火慢慢焖煮。

现代人虽然必须随环境改变烹调法，但基本的美食却不必因为无法起炭火而抛弃，所以用电饭锅或电子锅煮的调味饭，就是模拟这种食物的演出。用的如果是腊肠或肝肠，自然很"广东"，茶餐厅的招牌饭可以随时出现在自家食堂呢！

牛舌饭

冬天的时候，我经常在家里的厨房挂有烟熏牛舌，但如果一打开，就立刻切成数段，以一餐需要的量来分包，冻在冰箱里保存。要煮牛舌饭的时候，只要拿出一块来细切成薄片，再与洗好的生米同拌一下，放在电子锅或土锅中煮就可以了。一条牛舌有较宽的舌根与细长的舌尖，要切成等分的时候，应以重量而非长度来考虑。

🥄 做法

无论放腊肠或牛舌，煮调味饭时还是用
1∶1的米与水量，放在炉火上煮7分钟，熄火后焖15分钟，期间都不要开盖子，只要起锅时好好拌一下、让油气均匀就好。这种烟熏牛舌的吃法，跟先蒸过再与蒜苗同炒一样好吃，但处理的方法更轻便。同样的做法，当然也可以用电饭锅来做。

腊肠煲饭

照片里的腊肠饭，是整条同煮后再切。如果先切片才下锅煮，肠衣会因骤缩而扭曲，好处则是，形虽不美但味道比较深入白饭之中。

葱油拌饭

除了可以很简单地煮出调味饭之外，如果家里有一锅白饭，冰箱又有市售的葱油酱，只要以1/3汤匙的酱油、1/2汤匙的葱油酱加上少许的白胡椒动手拌一下，马上就有一道饮食文字中时常被提到的怀旧料理可吃。

马铃薯泥

如果希望捣出来的马铃薯泥非常细滑，非得过筛网不可；
再以奶油或鲜奶油为伴，不只增加风味，还因为有脂肪而使口感更柔滑。

马铃薯泥可以做得很家常，也可以很高级、很餐厅化，其中的关键除了马铃薯的品种好不好之外，更重要的是工序与材料的搭档。几件值得你注意的事情是——

买马铃薯的时候，从外表来看，颜色偏乳黄会比偏灰白的好很多，表面光滑的比粗糙的好，通常这样的马铃薯，皮也会薄很多、个头比较小。

因为要捣成泥，所以马铃薯切大或切小，影响的只是熟成的时间。煮熟后的马铃薯如果只用压泥器处理，当然就或粗或细，若想要它非常细滑，非得过筛网不可。

达到质地细致的目标之后，接下来是找伙伴。奶油与鲜奶油都不只能增加风味，还因为成分中有脂肪，而使口感更柔顺（就像芋泥加猪油一样），你可以根据自己的口味与需要，两样都添加，或只用鲜奶与奶油。

如果要让这一餐的薯泥更上层楼，请用电动搅拌器打一下，这个瞬间的搅动，会把空气送进薯泥中，使它吃起来更有松软的口感。可以接受厚重口味的人，用盐与糖调味时再磨一点蒜泥进去。

🥄 做法

1 马铃薯削皮、挖去芽眼坑洞之后切成片，用大约为马铃薯体积一半的水量煮到完全软烂，此时水也大致收干，免去你要沥干的手续。蒸当然也可以，但不见得更快。

2 煮熟的马铃薯先压碎后过筛。

3 加入盐、糖与奶油、鲜奶油。因为温度都还是足够的，奶油很快就会化掉，如果希望再加温，请注意火的大小。

4 打入空气或挤花烤一烤，都是你可以考虑的变化型做法。

Basic Recipe

🍴 材料

马铃薯（每3人份约2颗，男生则每人约需1颗。但实际要准备多少，请根据主食的总量来考虑）

奶油、鲜奶油（建议每2颗马铃薯用1大匙奶油与2大匙鲜奶油，但怕胖的人请减量）

盐、糖（分量请以主菜为考虑，有肉汁时就尽量让肉汁给味，薯泥味道若太足，肉汁就英雄无用武之地）

明太子焗饭

明太子以狭鳕的卵巢腌制而成，是味道很有层次与变化的食材。
台湾人原就是乌鱼子的爱好者，对这种浓厚的海味运用起来更是得心
应手。

随着日本餐食的引进，明太子已经成为台湾常见的食材之一。意
大利餐厅有明太子意大利面，面包店也供应起抹上明太子酱再烤
香的法国面包。

狭鳕产在九州岛，那一带的人称这种鳕鱼为"明太"，所以"明
太子"就是"鳕鱼子"的地方称名，原本多以辣酱腌制。去过福
冈的人都知道，无论机场或车站，包装成大大小小礼盒、辣与不
辣的明太子是最能代表福冈的名物。

明太子鲜而不腥，很受欢迎，加不加热都能呈现很好的风味，是
味道很有层次与变化的一种食材。台湾人喜欢明太子是想当然
尔，因为我们原就是乌鱼子的爱好者，对于这种浓厚的海味早有
追寻与研究，运用起来也就更得心应手。

Basic Recipe 材料

白饭八分满1碗

明太子1条

低筋面粉2茶匙

水250毫升（约1碗）

高丽菜粗丝1大碗

洋葱丝1/8个

葱少许

奶酪丝（半碗用于煮，另一
些加在表面焗，若表层不再加
也可以）

做法

1 把面粉、剥膜后的明太子与水调匀待用（膜可以切碎加入）。

2 高丽菜与洋葱切丝后炒至软香，加上葱再和入饭拌匀。

3 加入1与奶酪丝，继续加热使之完全融化。

4 把饭移到小烤盘中，加上另一些奶酪丝，送进烤箱烤到表面变
色出香。如果没有烤箱，可蒸一下或稍微波。

干拌光面

在家里准备一些中式面条冻起来，想吃的时候，放入滚水煮2分钟起锅，再以酱油、葱油肉燥、柴鱼粉、白胡椒为佐料，就可以吃一碗现煮面。

Basic Recipe

拌面酱

统一肉燥2/1汤匙

酱油2/3汤匙

煮面的开水2汤匙

醋1/4汤匙（不喜欢酸味的人可以省略，但加点醋有助消化）

胡椒1小撮

柴鱼粉少许

除了米饭的应用，多数人也喜欢吃面。传统市场有非常新鲜的粗细面条可买，而且有些摊位是现做现卖，我最爱在店头看老板快乐工作的神情与那如细雪飘洒的场地，他们的工作桌，真的就是"白案子"。

以前读过许多前辈写食物的文章用到这三个字，案者桌也，"白案子"虽然不是台湾惯用的词汇，但要了解意义也不难；不过，真的得在亲眼看到那白粉纷飞，师傅一刻不停地和面扯线中，才知道用"白案子"来作为这个行业的代表有多传神。

我们家总是准备一些中式面条冻起来，也就是外面称为阳春面或清汤挂面的"光面"。做法很简单，只要在等着煮开水下面之间，用一只大碗舀上酱油、葱油肉燥、一点柴鱼粉、一点白胡椒作为佐料，等冷冻面条煮2分钟就可起锅，如果有葱或香菜，一加就是一碗现煮面。当然，家里若刚好有一些上料可加，这样快速煮成的面也就可比饭店要价不低的轻食了。

做法

水滚后，下面煮2分钟即可起锅和酱，然后加入其他食材。喜欢吃辣的人也可以加些辣椒酱。

另一种变化

想吃汤面的时候，做法与干面相同，只要调味时再多加上一点盐或酱油。有些人觉得煮面的水助消化，喜欢直接淋上煮面的热汤，但因为其中已溶有撒在面上隔离面条的粉，热水会变浊，尤其如果连下几次，汤就像勾过芡一样。这时除了继续下面时要加水或换水，面汤也应考虑用其他的热水或高汤外加。

鲜菇面线盅

我很爱面线，更爱清清淡淡吃面线的感觉。这道面线盅，
结合两样简单的台湾料理，改用一人份上桌，也转换一下生活的情调。

面线的吃法不少，最常吃到的是拌了很重的动物油脂，香是香，但有时一餐中同时摄取太多的脂肪就会觉得负担。

我很爱面线，更爱清清淡淡吃面线的感觉。日本有一种紫苏面线不只味道很香，颜色更是讨人喜欢，如果入夜想要吃点点心，又不想让肠胃负担，煮一碗紫苏面线就是我们家最好的选择。

我从煮紫苏面线中想到，在台湾有各种各样的好面线，为什么不以小分量来上桌，老是大家拉拉扯扯地分食一盘。这道面线盅就是把我喜欢也很简单的两样台湾料理合在一起，改用一人份上桌，希望转换一下生活的情调。

做法

1 姜与猪肉切成薄片，杏鲍菇切成滚刀块。

2 面线烫好后，用叉子与汤匙卷成螺旋状放入餐具中。

3 用麻油把杏鲍菇与姜片同锅煎香。

4 加入米酒与水各半或只用全酒。

5 汤滚起后，分次加入猪肉薄片，一熟就起锅。

6 把杏鲍菇与肉先夹起摆放在装有面线的餐具中，让汤再滚一次然后倒入面线，即可上桌。

Basic Recipe

材料（2人份）

面线1小束

杏鲍菇3大条

霜降肉或梅花肉薄片1～2两

（不喜欢肉也可以不放）

姜1小块

麻油1大匙

米酒1碗

水1碗

一点小叮咛 通常麻油酒料理除了一点点糖之外都不加咸味，因为怕扞格了原汁的美味，但你可以依自己的喜好加一点点盐。杏鲍菇有甜味，在尝过汤汁之前请先不要贸然加糖。

经典意大利面4式

青酱意大利面 / 蛋黄培根细面 / 白酒蛤蜊面 / 西红柿肉酱意大利面

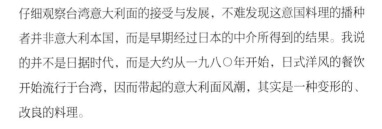

意大利面同样禁不起煮熟后的搁置，最好面一捞起就能接续着炒或拌的操作。

如果这一时对你太困难，把面烫煮后先冲洗或拌油，再准备下一个程序，做过几次自然就熟能生巧。

同时可以用来做早餐谷物片与布丁的杜兰小麦粉是意大利面的主要材料。这种高筋粉蛋白质含量很高、韧度很好，再加上适合不同的调理所产生的味觉变化，因此造就了意大利面受人喜爱的特质。

仔细观察台湾意大利面的接受与发展，不难发现这意国料理的播种者并非意大利本国，而是早期经过日本的中介所得到的结果。我说的并不是日据时代，而是大约从一九八〇年开始，日式洋风的餐饮开始流行于台湾，因而带起的意大利面风潮，其实是一种变形的、改良的料理。

这个情况一直到近十年有了改变，一些更加贴近欧洲生活风格的意大利面慢慢出现了，但有些混血过后的料理已深受喜欢，大概是不会改变、也不需要改变了。这正象征着饮食文化维护不易，文字记载远远比不上生活实务的传承或变迁。

我们总说要吃地道的料理就要去当国，但反过来说却不一定成立。记得有一年，我与哥哥刚好同一时期都在欧洲，我们约好一个星期日在米兰相见。午餐时间，就近取便，我们在米兰大教堂前的露天座上点了午餐，那面真的难以形容。哥哥年轻时就是个驿马星动的人，又是个十足的美食者，他翻着盘中的面，下了一个很好笑的结语说："把意大利面煮成这个样，难怪罗马会亡国。"

在意大利遇到这种事，正好证明了一个重点：材料只是基本好的开始，烹调的技术、享食的时间、人与环境都协调上了，才是美好一餐条件的具足。

意大利面的煮法

多数的面食都禁不起煮熟后的搁置，意大利面当然也一样，煮好马上吃，千万别迟疑。

🥄 做法

1 每人份的面量请以50～80克为参考（根据女生与男生或食量大小的差别来调整）。

2 煮面的水要多，下的面量要少，让温度有持续的理想供应。

3 最好的状况当然是你能安排好工作顺序又不感觉紧张，面一捞起就能接续着炒或拌的操作。如果这一时对你来说太困难，就请先采用左页照片中的方法：把面烫煮后，先冲洗或拌油，再准备下一个程序。这是因为多数人无法很顺畅地连续操作，当然也因为家庭设备有限，如果要煮好几份，水都煮浓了，洗一下有利于面的爽口。做过几次自然就熟能生巧，有机会请再试试一气呵成的方法。

4 很多人炒意大利面时的问题是水不够，因此，有些锅边的面就类似于"煎"的热处理，难免干硬。湿度很重要，必要时加一点水来缓冲你所需要的时间。无论中式面或意大利面，其实说"炒"不如说"烩"来得易懂。这也是一气呵成的优势，面立刻从煮锅入炒锅，不只夹带着足够的水气，温度也未退却，进一步调味所需要的时间自然就短，而时间短就更能使成品保持湿度，这是一整个优质的循环。

5 各种面用水滚煮的建议时间如下：

笔尖面（Pennoni）：约7分钟

天使面（Capellini）：约1～2分钟

绳子意大利面（Spaghetti）：约7分钟

另一种变化

Other Variations

冷面是把意大利面沙拉化的料理，但并不是每一种意大利面都适合冷食。虽然通心面、蝴蝶面拌蛋黄酱已是流行久远的食谱，但真的要做成有湿度的冷面，还是天使细面好。冷面没有第二次受热的机会，因此要一次到达熟透程度；而酱汁是冷面的灵魂，有好的酱汁，冷面才会生动。

材料（1人份）

天使面60克

蒜头2~3颗

罗勒1小把

橄榄油1/2大匙

黑胡椒

盐

青酱意大利面

"青酱"是Pesto中文翻译后的通称，可以复杂细致到有松子、奶酪等材料，但一般欧洲家常的面点，青酱只是以新鲜蒜头、罗勒为底的调味。这道面点是最简单却并非没有滋味的，请试试看。

做法

在锅中以橄榄油炒香蒜片与剁碎的罗勒。

放入煮好的面，不要干炒，适时加一点水，你的面要随时看起来都是晶莹剔透的，不是干硬的。

以盐调味后立刻起锅盛盘，可以加黑胡椒或帕玛森奶酪。

蛋黄培根细面

做法

1 把面煮熟待用。

2 把蛋黄、鲜奶油、奶酪与一点盐放入一个可搅拌的大碗或盆中。

3 在锅中放入切好的培根，因为培根有油，请不要再加油，稍炒后放入面与1匙水，一起炒到非常热。

4 把炒好的面倒入盆中拌匀，利用面的热度，使蛋黄酱达到应有的温度。

Other Variations ——————

另一种变化

这道面也适合用扁面来做。这里提供另一种变化型给大家参考，同时加上现在超商都可以买到的温泉蛋。

Basic Recipe

材料（1人份）

天使面60克

蛋黄1颗（请一定要用非常新鲜的蛋来做，新鲜的蛋黄是挺立的。有些蛋黄很红，这是鸡饲料添加物所导致，太像胡萝卜的橘红，做出的食物反倒不自然，不必特地买那样的蛋）

动物鲜奶油60克

帕玛森奶酪尖尖1大匙（可以块研磨成粉或买现成的干酪粉）

培根1～2条（视你自己对肉量的要求）

盐

黑胡椒

材料（1人份）

天使面60克

白酒50毫升（请不要选择偏甜的）

蛤蜊约10 ~ 15颗

蒜头2大颗

新鲜巴西里1小球

橄榄油

盐

黑胡椒

白酒蛤蜊面

🥄 做法

1 蒜头与巴西里剁碎，面煮熟待用。

2 在锅中用1/2大匙的橄榄油把蒜头与巴西里稍炒之后，放入白酒与蛤蜊，然后盖上锅盖。

3 看到头几个蛤蜊打开后，就把面放下锅，拌炒一下。在等着其他蛤蜊打开的时间，面除了进行第二次加热之外，也在吸收白酒和蛤蜊的香与鲜（时间上不会超过2～3分钟，可以再盖一下盖子，但根据你眼前的现况调整）。

4 翻炒时，加上一点盐调味，别忘了蛤蜊也有自己的咸味，上桌时加一点黑胡椒。

另一种变化

这里的另一张照片想提醒你：没有意大利面时，白酒蛤蜊就已经是一道很好的菜，用来配法国面包特别好吃。做法就是下面之前约3～4分钟的程序。

食材小常识 巴西里（Parsley）虽是西式的香料植物，但在台湾其实不难买，只因为多是餐厅用来当摆饰，卖家庭用菜的摊上反而不曾见过。要买巴西里得问有批菜卖给餐厅的老板，它们通常被放在库存的冰箱中保鲜。切成细末用在餐点上你也许认不得它，但在台湾它有个最经典的装饰法，伙伴是一朵深紫的石斛兰。巴西里的味道很不错，对于西式料理来说，无论久煮或上盘时的新鲜用法，都有其重要性。

另一种变化

照片中的变化型做法，是西红柿肉酱面加上一只大泰国虾。有一次在华盛顿DC吃到一道非常好的龙虾烩意大利面，念念难忘。不一定要用波士顿龙虾，用泰国虾也很好，虾的处理方法请参考《海鲜》230页。

Other Variations

西红柿肉酱意大利面

做法

肉酱的部分

1 西红柿洗净切成小丁，洋葱切成小丁，蒜头切末。

2 洋葱、蒜末放入锅中炒后，加入绞肉炒香，再加西红柿丁拌炒。

3 加入意大利西红柿酱、月桂叶、香料粉与水，用中小火滚煮约50分钟左右，加盐与糖调味。

面的部分

1 先把面煮好捞起，淋上少许橄榄油或冲水。

2 将预先煮好的笔尖面放入锅中，加入西红柿肉酱拌匀煮热即可。

一点小叮咛 炖煮肉酱时，如果买得到巴西里，也可以切碎了放一点进来，让肉酱的调味更稳、更平衡。同样的，除了直接把面和肉酱放入锅中拌匀，若想使这道面的味道更有层次与香气，可以先炒一点巴西里和蒜片来加强香气，制造类似爆香的效果。虽然巴西里和蒜片是肉酱里原有的材料，但经过近一小时的炖煮味已经转化成另一种味道层，可以再借此作为补强。

Basic Recipe

材料（约4人份）

笔尖面240克	牛绞肉或猪绞肉350克（也可各一半）	水500毫升
新鲜西红柿2颗	意大利西红柿酱1碗	盐
洋葱半颗	月桂叶适量	糖
蒜头2颗	意大利香料粉少许	

橄榄佛卡夏

佛卡夏不只好吃，在面包的制作上来说，它需要的工具最简单，力气也用得少。
只要你愿意供应时间让面团慢慢发酵，它就会回报嚼劲十足的质地给你。

我非常喜欢佛卡夏面包，因为它湿度够，很适合当主餐的面包，即使隔餐，只要再热一下也很好吃，老化的问题比较不严重。

连续几年去威尼斯，最记得的就是堆放在玻璃柜中的绿橄榄佛卡夏。早上出门的时候，宽柜里层层叠叠，一大片、一大片的面包往上堆，横切面布着橄榄片，好有生活感。一种单样的食物却拥有这样的数量，我感觉到了面包与主食的关系。

佛卡夏面包并没有很难的工法与复杂的工序，只是在做与烤之间的发酵时间长；但它也并不考验制作者的耐心，因为在等待当中并不需要照顾些什么。

我选择佛卡夏作为烤面包的动词介绍，不只因为它真的好吃，还因为在面包的制作上来说，它需要的工具最简单，力气也用得少。只要你愿意供应时间让面团慢慢发酵，它就会回报嚼劲十足的质地给你，要说慢活，我想这就是个很好的例子了。

材料（面包完成尺寸约21×30厘米）

高筋面粉5又1/2杯（约600克）

冷水2又1/2杯（约550克）

白糖2大匙又1小匙

盐1/4小匙

酵母粉7克

橄榄油9大匙

罐头绿橄榄

粗盐少许（面包表面用）

器具

大盆2个

烤箱

烤盘

烘焙纸

做法

1 准备一个大碗，把面粉、水、盐、糖与酵母粉均匀混合。搅拌过后稍等5分钟，再继续揉拌那感觉很黏的面团约3分钟，一边揉，一边转动你的容器。然后静置，等面团胀成两倍大。

2 在另一个可以容纳两倍面团的容器中倒入2大匙橄榄油，让油均匀依附在容器表面，再把面团移到这个容器中，翻转面团。拉开面团，在面团中加入已沥干并切成薄片的绿橄榄，再回迭，一边拉一边加入橄榄片，拉折共做四次。在面团表面洒上1大匙的油，然后用保洁膜盖起来，放入冰箱一夜或至少8~10小时。

3 从冰箱拿出面团，在烤盘上垫好烘焙纸，倒入2大匙的油，然后把面团移到烤盘。此时面团仍然很黏，不要担心它在烤盘上不易整形，就让它自然流动，因为在进入烤箱前还要再搁3小时（如果天气很热，约2小时）。

4 先在面团上倒入2大匙的油，用手指戳出几个洞，你会发现此时戳出的洞并不容易固定，但别担心，油会顺势找到它的去处。20分钟之后，再倒入2大匙的油，再戳一次洞。这时，面团已经流动到更大的范围，千万别费力去把面团拉到烤盘边，这会破坏它的

膨胀结构。完成发酵后、进烤箱前，你自然会看到它是满到烤盘边缘的。

5 确定面团上有一层均匀的油之后，盖上保洁膜，等待面团膨胀成原来尺寸的一倍半再进烤箱。膨胀到理想程度所需的时间视天气的冷暖而有不同，通常在2~3小时之间会完成。

6 在准备要烤面包的20分钟前，记得先用240度预热烤箱。在面团进烤箱前掀起保洁膜，洒上一些粗盐，把烤盘放在炉的最下层，但不要贴底，烤箱回转成220度，烤15分钟。

7 转换烤盘的方向，这样面包受热更均匀些，再烤7分钟，然后检查是否熟了。检查的方法很简单，看看边缘与底部是否出现漂亮的金黄色，此时，面包表面应该是非常好看的棕金色，而且非常酥脆。

8 准备好可以拿出面包待凉的架子，拿出面包后，如果发现底部有残存的油，把面包翻过来，让它沾在面包的表面。等20分钟凉了之后再切，如果要趁热吃，剪刀会是更理想的工具。

鸡蛋在厨房剧场里是仙女下凡来，每一位导演都会想要自己手中随时有这样的演员：长相好、个性亲和、特色又足。很难想象，这个世界如果鸡蛋并不普遍，人类烹饪史上的食谱会少掉多少；至少，甜点的演化史就一定要重写。

有了较好的物流条件之后，采购新鲜的鸡蛋已不是问题，但因为大家不再常常下厨，有时候鸡蛋反而是坏在自家的冰箱里。为了保持这位好演员的清誉，我在这一章中分享了早餐、家常菜与点心的实作，除了想回顾鸡蛋在我们饮食生活上的诸多贡献之外，也想帮助那些存放在冰箱里的鸡蛋，有个合适的舞台可以表演。

一个蛋的完整用法

蛋黄饼 / 蛋白糖

蛋黄饼来自以奶油闻名的法国布列塔尼半岛，由于做完总会剩下许多蛋白，
所以，我们通常就在烤饼干的同一天，也做一罐很有渊源的点心——蛋白糖。

布列塔尼半岛在法国的北部，她曾经是一个独立的王国，面英吉利海峡与比斯开湾，因为
此区的奶油很有名，所以这道蛋黄与奶油烤成的小饼干，就这样乘着香味的翅膀从半岛往
外传。

布列塔尼因为维持着自己独特的传统，跟法国有很大的不同，这个美丽的半岛不只是
历史的宝藏，也是饮食的天堂。可丽饼就是来自此地，它曾经是穷人用以替代面包的
食物。我从一本书中找到了关于布列塔尼奶油的描写（一九九六年Kate Whiteman所写
的*Brittany Gastronomique*）：

Pies noires是一种迷人、黑白相间的乳牛，长着尖尖的角，非常顽皮；它产的乳非常浓，而它的
肉也很好吃。通常它的产乳量只有Holstein牛种的一半。对游客来说，pie noire奶油是一大特色，
曾经有个叫Fernand Point的厨师讲了一句标语说："奶油，更多的奶油，永远都是奶
油。"而布列塔尼的居民则热情地支持这个论调。他们绝对有个好理由这样热爱奶油，
因为那亮丽鲜黄的油与水晶般晶莹的海盐配在一起，真是可口。布列塔尼的厨师总是使
用加了盐的奶油，即使焙制糕点也不例外，所以他们的糕饼非常独特美味。

做一份蛋黄奶油饼总会剩下许多蛋白，所以，我们通常就在做蛋黄饼的同一天，也做一罐
蛋白糖。因为工具都是烤箱，所以把两则食谱放在一起，作为给你的参考。

蛋白糖（Meringue）是很有渊源的点心，有关于它的传说非常多，至今这名称是来自法
国、瑞士或意大利，也无法证实了。但在今日，它已是很多知名甜点的"一部分"，比如
说：和栗子、蛋糕一起的"蒙布朗"，和水果一起的"帕芙洛娃"。

蛋黄饼

做法

1 烤箱预热180度上下火。

2 奶油切小丁块，放至常温下软化。

3 将低筋面粉、细白砂糖混合，加入软化的奶油后用手揉，边揉边分次加入6个蛋黄，将所有材料揉匀。

4 面团可分成36等份。在手上涂抹一些干面粉，再将小面团搓成圆球，放入烤盘中压平。接着在表面涂一层鲜奶，再涂上最后1个蛋黄打成的蛋黄液。

5 送进烤箱烤约12～15分钟后，将烤盘往上移至靠近上火，烤至表面呈金黄色（约1～2分钟左右）即可。

Basic Recipe

材料

蛋黄7个（6个和入面团，1个涂在表层）

低筋面粉250克

细白砂糖160克

奶油200克

鲜奶20毫升

蛋白糖

🥄 做法

1 烤箱预热100度上下火。

2 将柠檬汁倒入蛋白中，用电动打蛋器从低速打起，再慢慢地加高速度将蛋白打发，同时分次（约3~4次）加入糖粉。一直打发至即使把整个盆子倒过来，蛋白也不会掉下来。

3 用汤匙把蛋白分挖到烤盘上，放入95~100度上下火的烤箱最底层。蛋白糖很容易焦化成金黄色，放在最下层是为了保持雪白的颜色。

4 烤1小时20分钟，关掉开关后先不要取出，让蛋白糖在烤箱中烘干一点会更好吃，等40分钟后再拿出来待凉即可。

材料

蛋白2颗

糖粉100克

柠檬汁或塔塔粉1/2小匙

准备工作

1. 准备一个干净与全干的容器（用热水过一下，可以去油）。

2. 糖粉过筛，备用。

3. 柠檬挤汁，备用。

4. 将蛋白与蛋黄小心地分开。蛋黄含有脂肪，蛋白若沾到油或脂肪就不容易打发，要小心别弄破蛋黄。

Enhancing Skills ─────────

让表演更出色

○ 打发蛋白常会加入塔塔粉或柠檬汁，因为蛋白是碱性的物质，而塔塔粉与柠檬汁是酸性物质，加入酸性物质可以帮助蛋白的打发。

○ 如果想要做一些像照片中有色彩的蛋白糖，可以添加食材行所卖的"食用色素"，在完成打发后添加，然后搅拌一下就可以了。

亲切可人的国民美食

太阳蛋 / 荷包蛋 / 白煮蛋 / 温泉蛋

不论是中式的荷包蛋、溏心蛋，西式的太阳蛋或日本的温泉蛋，
不同的蛋料理却同样有着美丽的名字，代表人们对食物与生活、文学的联结。

因为蛋的容易取材，所以各国都有一些可以称为"国民料理"的食谱。它们的名称很美，代表了人们对食物与生活、文学的联结，例如中国的"荷包蛋""溏心蛋"，被翻译为"太阳蛋"的西式煎蛋Sunny Side Up、日本的"温泉蛋"，与新加坡的"咖椰蛋"（早餐中与kaya土司和咖啡相配的一种水煮蛋，因为讲究蛋黄要全生能滑动，以Very Very Runny的口号闻名，是殖民遗风的早餐蛋）。

中国的"茶叶蛋"也是一美，卤汁从破而不碎的蛋壳缝隙中透入蛋白光滑的表面，造成了自然有如大理石的花纹，外国食谱书就因这美丽外形而把它翻译为"Marble Egg"。

早餐桌上的蛋不只使人想起营养与做法的问题，白煮蛋的蛋杯也成了桌上很好的装饰品。我也有过几个可爱的蛋杯，它们曾陪伴我的孩子度过许多宁静的早晨，杯中装的是一个蛋，与一份对于平凡、安稳的生活期待。

太阳蛋

蛋黄鼓鼓站在蛋白中间，不翻面的蛋称为"太阳蛋"（Sunny Side Up），当然，这样的蛋如果稍盖一下锅盖就会蒙上一层泛白的薄膜，又增几分熟度，不过这样的蛋，太阳的形虽然还在，色的意象却已远去。有些人不喜欢蛋黄是生的，希望蛋的两面都有脆皮浅香，在一面稍煎之后，原形翻过来再煎另一面，这就是"两面煎"（Upside Down）。西式的两面煎并不是"荷包蛋"，这是不应该混淆的认识与做法。

荷包蛋

荷包蛋有此名称，是得之于它与"荷包"的形似，无论是污泥不染的植物或收藏私财的小包，"荷包"都不是圆圆一大片的，所以，蛋放入锅中稍煎之后就得把蛋白对盖，让蛋黄包覆其中。

外国人喜欢把荷包蛋称为"中式蛋"，用"油多、火大"来处理这道中国美食，这样做出来的蛋，蛋白吃起来就像塑料片，应取名叫"炸蛋"。虽然传统中国锅都靠油来润锅，但并不是"油量"使一个应该完美的荷包蛋变成了炸蛋，而是"油温"不对时，荷

包蛋才会不够嫩。只要火不过大，蛋留在锅中的时间不过久，是不致把荷包蛋藏于蛋白囊中的蛋黄做坏的。我觉得荷包蛋的调味最好用酱油，才符合中国传统美食的基型。而西式的蛋当然就循着西方生活习惯，以盐与胡椒粉来调味。

白煮蛋

连壳一起煮的白水煮蛋有软有硬，是西式早餐中常见的一道菜色。但在我的童年经验里，白煮蛋是用来治"晕车"的。

南回公路从高雄县的风港乡到大武乡这一段路，全都在山中绕，四十几年前，家庭小汽车还没有普及，进出乡镇之间主要靠两种交通工具：台汽的巴士或专跑这些路段的长程出租车。

无论搭的是大车或小车，绕完那段路，很少人不是头晕身软的。各种治晕车的方法，就在口耳相传中从偏方变成小买卖了，总有小贩向即将出发的乘客兜售小东西。小贩对孩子的父母说，拿颗话梅贴在他们的肚脐眼上，就可以治晕车；如果用沙隆巴斯做贴布，就更有效，所以他还会继续问：要不要再买一张贴布？另一种方法是：吃两颗白水煮蛋沾盐。为什么要吃两颗，又为什么要沾盐呢？也没有人说得清楚，但买的人都像服药一样谨慎地剥着蛋、沾着盐，一颗接一颗地吃下去。

姐姐从小就很会晕车，爸妈虽然对那些偏方都因想不出道理而不愿采信，但有一次，妈妈终于无计可施而给姐姐买了两颗水煮蛋，结果是加倍的糟，我们一路从出发忙到抵达，大概是孩子的胃更经受不了这样积着食物又颠簸着上路。姐姐后来的晕车症被母亲用维生素丸当"安慰剂"治好了，她以为妈妈已经找到最有效的晕车药。

把白煮蛋煮熟不难，熟而不硬却不易，重点还是温度的供应。跟蒸蛋一样，锅盖要担任调节温度的重责，拉开一点，让冷空气流进来缓和即将达到沸点的温度，其余的熟度就还是要按照时间与经验来微调。右页列出的时间数值提供给你作为参考，蛋与锅的大小、一次煮的数量与蛋本身的温度都是变量，请留下自己的笔记作为调整的依据。

做法

1 鸡蛋洗净，轻轻放入装有冷水的锅中，水量须高过鸡蛋表面。

2 从冷水开始煮蛋，为了让鸡蛋完整不破裂，火力不要过大，最好用中火煮。在水滚前，每隔一二分钟就轻轻搅动鸡蛋一次，这样不但能均匀水的温度，还能使蛋黄凝固在中央的位置。

3 你可以根据喜好和需求，选择滚煮的时间与做法：

○ 蛋黄呈完全凝固状，会有沙沙的感觉，属于全熟：水煮开后，立即关火，浸泡12分钟将鸡蛋捞起，冲冷水（如前页图上排）。
○ 蛋黄呈半凝固状：水滚煮2分钟熄火，浸泡5分钟将鸡蛋捞起，冲冷水（如前页图中排）。
○ 蛋黄呈液体状：水滚煮2分钟立即将鸡蛋捞起，冲冷水（如前页图下排）。

温泉蛋

这里说的温泉蛋并不是市售单颗包装、以卤汁浸泡的溏心蛋，而是从日本温泉旅馆开始流行的半熟蛋。

温泉蛋通常会泡在高汤做的日式酱汁中当小菜，或与热饭相伴。它的质地近似于水波蛋，但操作上比水波蛋简单，蛋白部分也不会有水波蛋嫩老混合的问题。

做法

1 请一定要用常温的蛋，一次做5颗（如要做很多请以同样条件一批批地做）。

2 将1500毫升的水煮到完全滚，再加上300毫升的冷水稍微搅动一下。

3 马上放入蛋，盖上锅盖泡10分钟。时间一到就捞起，不冲冷水。

外香内嫩的煎蛋料理

玉子烧

蛋碰到不合适的高温或煮得过头就会像豆腐皮干干的，再过头就会硬。

用不断卷叠的方法来做玉子烧，虽较易成形，但也很吃油，易把蛋皮煎得干硬。

甜味的日式蛋条很适合用来探讨煎蛋的技巧。日文中鸡蛋的汉字写作"玉子"，而日式料理命名时，动词通常在名词之后，所以传统的日式蛋条就叫"玉子烧"。

关于如何做好日式蛋卷的说法有很多种，有的人习惯一点一点加入蛋汁再不断地卷叠，这样的做法虽然在工法上比较容易成功，却有两个问题：一是非常吃油；另一是，这样层层叠叠的都已经是较干熟的蛋皮了，失去蛋的嫩。所以，接下来我将以逐步进行的工序与大家分享"外香内嫩"的煎法，作为你的基本参考与延伸。

Basic Recipe

材料

超市里贩卖的1颗蛋通常重约
50~55克，1卷玉子烧用4颗
全蛋

调味料

细白砂糖1又1/2茶匙（约10
克，不爱甜的人可减一点）

若觉得蛋的颜色不够漂亮，
可加一二滴酱油

🥄 做法

1 先预热方形锅，再加进约1小匙的油均匀润锅。

2 将调好味道的蛋液都倒入锅中，把火控制在只照顾到锅底的中小火，别让火飞往锅边。

3 一边加热，一边快速地破坏渐渐凝固的蛋块，尽可能不要让它变成一大块或变老，整锅蛋维持在均匀平铺的状态。

4 把铺在锅面的蛋分成三折卷起来变成一个蛋条，这时，中间的部分还没有完全凝固，正好可以利用要给表面着色的时间与温度，继续往中间递送热。

蛋与蔬食的美好遇合

红萝卜蛋 / 洋葱蛋 / 菜脯蛋 / 葱花蛋

蛋怕过熟，搭配的蔬菜食材却需要深香，需求与特质不同的角色要同台演出，
安排顺序就格外重要。如果一开始就同锅而煮，必然是无法两全其美的。

在好多国家，蛋与蔬菜的合作都是很有名的。"西班牙烘蛋"、中国的"合菜戴帽"都是
多种蔬菜与蛋一起演出的戏码。

会做基本的玉子烧之后，我想谈谈家常料理中常见的另一种煎蛋，因为这些料理处理蛋的
工法与玉子烧一样，做得好不好吃，却关系着你对所搭配食材的认识与处理是否正确。

蛋怕过熟，其他的搭配材料却需要深香，需求与特质如此不同的角色要同台演出，安排
顺序就格外重要。如果一开始就同锅而煮，必然是无法两全其美的。所以，厨房里的导
演——你，就必须决定哪个演员先出场、以何种扮相出场，好让整出戏有最佳的合作。

下面照片中的四种食材都已经处理到熟软褐香，因此，加入做蛋卷或炒蛋时，只要照顾蛋
的状况而不必考虑其他。这是不是会让你觉得比较不手忙脚乱？其中的菜脯与蒜头一起炒
得非常香；而红萝卜因为质地硬，先用一点水焖软后再用油稍炒就会很香；洋葱也已经褐
化到它最好的颜色与味道，连看起来没有质地问题的葱，也先用油浅炒过了。

这些蔬菜蛋都可以像玉子烧那样做成长方形的蛋卷、直接炒成形状不规则的炒蛋，也可以利用盘子来翻面，做成一个两面煎、又厚又圆的烘蛋。烘蛋因为整个面积很大，加盖能够帮助热的均匀传导，使食材更容易熟透。但最重要的还是要把蛋在锅中先炒到八分熟再整形，否则中间的部分会比圆周的部分湿软，或者反过来说就是：为了让中央够熟，四周的蛋则过老了。

西式炒蛋与中式炒蛋在工法上差别不大，但用的油不同，因此做西式炒蛋时会更注意温度的控制，否则奶油一下就烧焦，控制在低温也会使蛋较嫩。通常西式炒蛋也会再加鲜奶油，但这不见得是一般家庭常备的材料，所以，你不如从这几样蔬菜蛋开始好好习作。

在上方右侧的照片中，我特意把煎成一锅的烘蛋与炒蛋放在一盘，希望帮助你分辨材料完全相同但工法不同时的结果。

为了怕浪费篇幅与你的时间，接下来两种做法的工序图则分别以洋葱（烘蛋）与青葱（炒蛋）来呈现，但希望你了解：四种蔬菜都是可以用这两种工法来制作的。

做法

红萝卜：把切丝之后的红萝卜用一点水焖熟，再加一点油炒到如116页照片中的颜色。在炒的同时，你一定会闻到糖化的香味。可以用一点盐来调味，或只在蛋液中调味。

洋葱：把切丝的洋葱用一点油炒到着色深香，喜欢西式味道的人可以加入一些意大利香料粉。

蒜头、菜脯：菜脯洗净后泡水压干，然后用油把菜脯与蒜头炒到非常非常香，再与蛋同煎。

青葱：葱在热锅中稍炒一下就好，因它质地很轻薄，但如果不先处理一下就与蛋同炒，会有一部分的葱等于是在蛋液中焖煮，没有着到油的香味。餐厅不需要这样的作业程序，是因为他们不在乎用油量，火力又很大，但在家庭中请参考这样的做法建议。

材料

Basic Recipe

蛋
红萝卜
洋葱
蒜头、菜脯
青葱

凝蛋料理东西谈

茶碗蒸 / 蒸布丁 / 焦糖烤布丁

以"蛋"为"凝固元素"的料理，我统称为"凝蛋料理"。
不同的凝蛋料理要先弄清楚蛋与水分的关系，热处理的温度也要恰到好处。

我们应该把中式或日式蒸蛋想成"咸的布丁"，同时也把所有的布丁、烤布蕾想成"甜的蒸蛋"，才能化繁为简、融会贯通地把这一类以"蛋"为"凝固元素"的料理一次弄懂。在这里，我把这一整类的料理统称为"凝蛋料理"。不同的凝蛋料理要先弄清楚蛋与水分的关系，而水分的分量与你所量得的液体分量并非同义，因为，100毫升牛奶中的水分与100毫升鲜奶油中的含水量可大不相同。

蛋与水做成的料理有蒸蛋、蛋豆腐（水的比例影响质地软硬）；蛋与牛奶可以做成蒸布丁；蛋和牛奶、鲜奶油则可以做成烤布蕾或咸蛋塔Quiche（蛋的用量与鲜奶油更多的脂肪都会影响成品的质地）。

当蛋以甜的味道出现时，常常会显露出其腥味的特征，因此人们想出用另一种更好或更强的味道来掩盖其缺点。这就是西方布丁类食品添加香草、焦糖的用意，而中国更是长久以来就有在甜蛋中加酒酿或桂花蜜的习惯。

凝蛋料理的理想外形是"平滑如镜"，能达到这个条件是因为热处理的温度恰到好处。大家通常犯的错误是温度的供应过高，这就可以解释为什么做凝蛋料理时，用陶瓷来作为容器比不锈钢类更为合适。金属导热太快，与容器接触的蛋汁很容易就受热过快，膨胀形成小气孔，那些蜂窝般的孔洞大大影响一份蒸蛋或布丁的质量。

东西方都有变化丰富的凝蛋料理，不同的是西方多为点心，而东方作为菜肴。中国人称蒸蛋为"蛋羹"，日本人则以茶碗为容器，蒸蛋因而有"茶碗蒸"的定名。茶碗厚实，不只赋予这道料理的形式之美，也因为容器热传导和缓，而使蒸蛋质地特别均匀平滑。

任何凝蛋料理的共同制作技巧是：

○ 与蛋混合的液体一定要加温，才不会使混合液在加热过程中产生沉淀的状况。

○ 完成混合的蛋液一定要过滤，否则蛋的浓蛋白或卵系带可能造成粗糙感。

茶碗蒸

做法

1 把蛋打散之后与温高汤混合，继续搅拌至完全均匀。

2 用纱布或细滤网过滤。

3 倒入碗中或杯中隔水蒸熟。

Basic Recipe

材料

1颗蛋

蛋量两倍的高汤（如果没有特别制作高汤，请以温水加柴鱼粉取代）

盐

让表演更出色

○ 用任何锅子蒸蛋或布丁，最好都在容器上加一层覆膜或盖子，除了能缓和过高的温度从上面的热对流直冲而下，也可以防止蛋的表层在凝固之前，因为蒸锅的盖子所滴下的水滴而破坏了本应平滑如镜的表面。
不要把火开得过大，如果用电饭锅，因为热气无法控制自如，锅盖不要整个盖紧，透一点空隙可调节温度，蒸出来的蛋一定会比较漂亮。

○ 各种"蒸"的凝蛋料理，蛋与液体的比例参考如下：
蒸蛋1：2（水）
蛋豆腐1：1（水）
蒸布丁1：2（牛奶）

蒸布丁

做法

焦糖部分

把糖放入小锅中，加入水以小火煮滚至金黄色，离火后立刻一点一点平分倒入模具中。

布丁体部分

1 鸡蛋与香草精混合装在一个容器里。

2 鲜奶与细白砂糖混合加热至50度左右。

3 将2倒入1，边倒边搅匀，此为布丁液。

4 将布丁液过滤后，倒入已装有焦糖的模具中。记得将浮在布丁液上面的泡泡捞掉或用喷火枪稍微喷一下，这样可以让蒸好的布丁表面更好看。

5 锅内架上蒸架，把布丁放上去，用一整张铝箔纸盖住所有布丁的表面。开中火并盖上锅盖，等水煮滚，接着微开锅盖以中滚蒸约20分钟。

6 可用牙签或细筷子往布丁的中心点插入再取出观察，如果穿透孔中溢出来的液体是清澈的，就表示已经熟了。

材料

Basic Recipe

焦糖部分

糖100克

水60毫升

布丁体部分

鸡蛋4颗（约200克）

香草精10毫升

鲜奶440克

细白砂糖50克

材料（完成分量约24个）

焦糖部分

糖100克

水60毫升

布丁体部分

鸡蛋7颗

细白砂糖130克

香草精15毫升

动物性鲜奶油220毫升

鲜奶1000毫升

焦糖烤布丁

做法

焦糖部分

把糖与水放入厚底小锅中，用小火煮滚至金黄色，离火后立刻一点一点平分倒入模具中。

布丁体部分

1 把蛋、细白砂糖、香草精搅拌均匀待用。

2 动物性鲜奶油和鲜奶混合搅拌煮至70度（如果没有温度计，可以用表面结皮来判断）。

3 将2倒入1，边倒边搅匀，此为布丁液。

4 将布丁液倒入模具中，烤盘垫纸，倒沸水入烤盘，再放上布丁进烤箱，以150度烤30～35分钟。

另一种变化

焦糖除了可以先煮好，放在容器底部与布丁液一起烤，扣出后成为深咖啡色的液体之外，你也可以试试另一种做法：把冰过的布丁在最上层铺洒上砂糖，再用喷枪融化成薄糖片，也就是照片中我们掀起的这一块脆片。

猪肉 Pork

在台湾，猪肉可以说是最容易取得、部位也最多样的肉类，这种方便使我们能够充分练习肉类的烹调，理解贯穿其间的技巧。

我并不特别喜欢吃猪肉，但"猪肉一斤多少钱"对我确有深意。记得几年前回台东家，在爸爸的书房看到一本让人好怀念的旧书，从这本书的印刷日期上看来，家里买这本书的时候，我刚好三岁（四十八年前）。爸爸当时花一百四十元买这本精装书，相对于他的薪水来说，应该是一笔好大的花费。

我想了解当时的生活指数，于是走下楼去问妈妈："我三岁的时候，一个四口之家如果出去吃一餐饭，要花多少钱？"妈妈笑了，她说："这是无法说清楚的，在那个年代，很少有这样的事情发生。不过，如果你想知道一百四十元的价值，当时一斤猪肉大概是五块钱，而一个六口之家，大概会分两天吃。"

对于我所忘却的年代，猪肉的价钱可以作为生活指数的参考，听到母亲用猪肉一斤在模拟收入与支出，我由猪肉出现在餐桌的频繁度来揣想一个家庭物质生活的概况，让人对远离的生活有真实的感受。

四十几年前，除了信仰的原因之外，素食可不是生活风格或饮食主张，餐餐能有鱼有肉才是许多家庭的愿望。那些还用荷叶或报纸包着卖的"猪肉"，是我曾感受过的温饱幸福，也是过去时日中，妇女在厨房里把理家的智慧与爱盛装一盘献给家人共有的记忆。

白切肉变化2式

蒜泥白肉 / 干烧猪肉丼

买三层肉时请注意不要买太大的，肥肉层要尽量薄。猪只太大所取的三层肉，
做起来硬且腻，皮下的脂肪层不管是看起来或吃下去都有如冬瓜糖。

用白水煮猪肉虽然看起来最简单，却不是最早有的烹调法。如果以人类熟食的发展来说，
烤才是最原始的热处理。森林大火使人类由生食进步到熟食，所以水煮其实比烤肉要文明
多了。也因此，中国人的"白切肉"是非常进化的食谱。

白切肉一般常用三层肉。买三层肉时请注意不要买太大的，肥肉层要尽量薄。猪只太大所
取的三层肉做起来硬且腻，皮下的脂肪层不管看起来或吃下去都有如冬瓜糖，不符合现代
人的口味与营养需求。

我小时候看着家家户户都是这样做白切肉：如果是拜拜（编者注：台湾风俗，每逢佳节或祭神
日，大宴宾客），会把整鸡与猪的各种部位都放在一个极大的锅子里一起煮，先熟的先捞
起，未熟的继续滚。三层肉常是最先起锅的食材，作为牲礼拜过后，就直接切着吃。作为
不拜拜时的家常菜，大家则会把三层肉与大黄瓜或笋子一起煮，肉熟了取出切盘，瓜或笋
就自成一锅蔬菜汤，而这汤，也等于是用"猪高汤"当底了。

用一锅的水煮一块肉而分成两道菜来吃，是过去资源有限时的理家智慧，值得记下；但如果你并不想要一锅汤，就只要在锅中供应适量的水，把肉煮到所需要的熟软度即可。这样味道不会消散于大量的水中，肉的滋味也比较足，又因不用煮开一锅水，也会节能省时。

蒜泥白肉

🍴做法

1 肉汆烫洗净后加入2/3碗量的水，盖着锅盖滚煮约12～15分钟（其中一半的水量也可用米酒取代）。

2 取出后等表面稍凉，再切成薄片上桌。

3 制作蘸酱：把蒜头磨末或切碎，用蒜量一半的糖腌半个小时，再加酱油与一点开水调和。（也可以再加上切碎的九层塔，味道会更好！）

Basic Recipe

材料

三层肉（1条约1斤）

蘸酱

蒜头

酱油

糖

干烧猪肉丼

前页的白切肉是用一些水把肉煮到熟，水也几乎收干起锅的状况。如果把肉留在锅中继续加热，当水分蒸散完了，贴在锅上的肉就等于在锅上干烙。虽然此时锅中并没有另外加油，但三层肉的油脂丰富，肉会自己释出油分，于是原本干烙的肉遇油后，又变化成在锅中进行"煎"的加热法。

把肉两面翻一下，你就发现这条三层肉从原本的乳白色慢慢转成金褐色。这时，三层肉出现了好多好多的可能：加入豆干、青辣椒、豆瓣酱会变成回锅肉；加入蒜苗炒一下，又是一盘蒜苗肉片。

如果什么材料都没有，刚好有颗鸡蛋和一碗白饭，那么，把切片的肉花一点心思、用一点热情摆放一下，放入一个新鲜蛋黄，再洒上蒜苗或葱，一朵花一样的猪肉丼也可以陪伴你度过快乐的一餐。

炸梅花肉

梅花肉是肩胛靠近里脊的部分，脂肪不是以整块肥肉层出现，
而是网络似的散布开来，瘦肥比例特别好，也很香甜，是很受欢迎的部位。

初上市场学买菜的人常常会混淆"梅花肉"与"五花肉"这两个听起来很相似的名称。如果用"顾名思义"的原则来理解，我想就比较不会忘记。

"五花肉"又称"三层肉"，是因为颜色的分布依序为一层皮、一层脂肪（俗称白肉）、一层瘦肉，再一层白肉又一层瘦肉，五花交错成三层，就是这个名称的来由。五花肉是里脊下方、腹部的肉，常用来做白切肉或红烧肉；用咸草绳把方肉绑成漂漂亮亮又酱烧得晶莹剔透的东坡肉，就是非要五花肉才能取其形的一道菜。

梅花肉是肩胛靠近里脊的部分，脂肪不是以整块肥肉层出现，而是大网络似地散布开来，因为瘦与肥的比例特别好，也很香甜，是很受欢迎的一个部位。

一只猪的身体，部位与部位相连，并非从哪里画出一条线，能楚河汉界地明白说出这块属五花，那块是梅花，总会有些不够漂亮、哪里都称不上的模糊地

带，在买卖上就容易有纠纷。梅花肉也一样，说起来虽然整块都是肩胛，但靠近颈部的肉，肌里质地就比较粗硬，用肉眼看也是脂肪网络少，瘦肉纤维都比较粗长，与"梅花"的说法其实相去甚远，但卖的人多数还是坚持说那是"梅花肉"。因此，买梅花肉时可不是听摊上跟你大声地"保证"，或让他以权威吓坏你的外行，要学着安安静静观察，不用与老板争辩，"梅花"两个字得在你的眼中名实相符。如果你找得到靠近里脊的部分，那块肉用来卤或炸就绝不会失败。

做法

1 把梅花肉切成约2～3厘米的块状，撒上盐与胡椒粉。

2 准备好三个容器：一个装低筋面粉，一个用来把蛋打匀，另一个装面包粉。

3 油加热好备用再处理肉的裹粉，因肉一裹好就要尽快下锅，所以不要等肉都准备好了，油才开始加热。油温约在170～180度，或是丢一块小面包屑下去，看它是否很快地浮起来，以判断油温。

4 调味好的肉依序裹上面粉、蛋液和面包粉。上面包粉这一层时，可以轻轻地紧一紧，让面衣能完整地沾附。

5 放入油中炸约4分钟，当表面呈现漂亮的金黄色时，就可以起锅滴油上盘。

材料

Basic Recipe

梅花肉半斤
低筋面粉半碗
全蛋1颗
面包粉1碗
盐1茶匙
白胡椒粉少许

咖喱肉酱

一般来说，肉经过绞碎就不会再洗了。食材切割面越多，越容易滋生细菌，
而水如果不够干净，或洗后温度不适当，更会使绞肉腐败。

有一次在烹饪课上有学生问我："绞肉要不要洗？"我吓了一跳，一个我以为不是问题的
问题，却看到好几个人露出"我也有同样疑问"的表情。一般来说，肉经过绞碎就不再洗
了，如果你担心的是那块肉"表面"的清洁问题，也应该是在绞之前洗，而非绞过之后才
洗。食材的切割面越多，越容易滋生细菌，而水如果不够干净，或洗后温度不适当，更会
使绞肉腐败。

我在市场上也看过肉摊老板为了表示他们很清洁，先帮客人
洗过肉再放入绞肉机，这虽然很体贴，但是不是真正的卫生
却有待大家想一想。事实上，传统市场最大的清洁之患并不
在白天而在晚上，当一天贩卖的工作结束之后，绞肉机是否
彻底地清洁过并收置妥当，才是卫生的重点。因此，如果你
真的很介意，就得在家自备小型的绞肉机，整块肉带回家好
好洗过再绞，一绞完尽快进冰箱。

水洗并非杀菌，放在合适的温度中保存、煮到真正熟透才是
更重要的卫生观念。像这则练习中先炒又炖煮超过半个小时
的碎肉，当然已完全杀菌，但如果是以生肉做成碎肉堡，就
请一定注意要整块都熟透。尽管这会使你失去大部分的肉
汁，但你还是得以健康为第一考虑。

如果买一包绞肉回家要隔天再煮，请不要包成一团就往冰
箱的冷藏库放，这样的保存法常因肉中心无法得到适当的温
度而变坏。用手稍把肉在袋中整成扁平状再冰，比较不会出
水，也不容易腐坏。

做法

1 把洋葱切成约半厘米的小丁，用一点点油先在锅中炒香，炒到呈浅褐色最好。

2 放入绞肉，与洋葱一起再炒一下。

3 把绞肉与洋葱移到另一个较深的锅中，加水、加盖炖煮20分钟。

4 放入一格咖喱块后，搅拌至咖喱块完全融化，加盖再煮20分钟。此时浓度会增加，注意火不要太大，否则锅边与锅底会焦掉。

5 放入另一格咖喱，尝过味道后再决定要不要加一点糖，如果太稠可再加水调整浓度。

6 同样的一锅肉酱，可以如照片中与泡菜做成丼，或做成咖喱饭。

材料

猪绞肉130克（可用梅花肉绞）

洋葱60克

水1碗

市售咖喱块2格

糖1/4茶匙

葱烧猪肉卷

大里脊唯一的缺点是脂肪很少，若不能掌握刚好的熟度，会煮得干硬老柴。
而拍打或是以含天然酵素的食材腌后再烹煮，是维持口感的良方。

猪的里脊肉分为大里脊和小里脊。大概是日据时代的语言影响，市场多数的摊贩还是用日语外来语的发音"rosu"来称呼大里脊，小里脊却惯用让人望文生义、点明部位与区域的"腰内肉"相称。这应是混杂文化的特点，各种语言文化都收纳一些，久了就忘了来源。

初居新加坡时，听到"咖比欧""咖比西"是要想一想才能够分辨的，我不能强记，强记就乱，但是想通了语源反觉有趣。"咖比"对Coffee是够清楚了，但"欧"可不是英文的音译，而是福建话的"黑"，没有加奶水的咖啡是黑的，这没有错，很传神！那"西"又是福建话的哪一个字呢？并不是，它是英文Cream的开头字母，所以，"咖比西"就是加了奶水的咖啡。我发现很多人以为rosu是大里脊的台语，突然想起该说一声，这日文的外来语，语源应该是loin。

一整条的大里脊肉质均匀、形状完整，风味也很甜美，唯一的缺点是脂肪很少，烹

煮的时候若不能掌握刚好的熟度，就会把一份好好的食材煮得干硬老柴，让一桌人感到痛苦。不轻忽失败的经验必然会带来更大的惊喜，使问题得到解决，拍打或是以含天然酵素的食材腌后再烹煮，就成了大里脊肉片在油炸之外维持口感的良方。

我小时候就很喜欢帮母亲拍肉，但那时还没有现在到处可见的拍肉锤，我们用的是中国菜刀的刀背。横的先轻轻打出一片直线，再把肉转向，垂直又打出与之直角交错的另一批线条，肉上于是织出了网一样的格子来，自己看了都开心得不得了！

母亲从整条大里脊取片时，会先数刀划开包覆其上的薄脂肪与覆膜再下刀，她一边做一边告诉我，如不先切断这些筋膜，一加热肉片就会受拉扯而缩起，影响了它的形状与好吃。"口感"这么时髦的用词，在我小时候是闻之未闻的，但好吃是我们更本质的要求。

🍴 做法

1 猪里脊先断筋，每斤切成12片后拍扁成薄片（可请肉摊帮忙）。

2 青葱洗净沥干，切成约比猪里脊薄片稍短的小段。

3 把猪里脊摊平，抹上少许太白粉，将葱段包卷在里面（请夹一段葱白与几层葱绿，因葱绿较薄，要形成厚度得有几层）。

4 以热锅煎猪肉卷，将表面煎至金黄色，先夹出锅外。

5 把酱汁煮滚后再一次放入肉卷，均匀沾透酱汁，约煮5分钟就可起锅。

Basic Recipe

材料

猪里脊1斤

青葱

太白粉少许（沾黏肉卷用）

煮酱

蚝油1大匙

酱油1/2大匙

水4大匙

黑胡椒1大匙

糖1/4小匙

泰式拌肉

厘清调味的经纬之后，所有泰国凉拌菜就可以任你变化了，
如果缺了哪种当地食材，也才能判断要以另一种取代时，是不是合理的考虑。

我曾只是泰国的旅行者就已深深喜欢泰国生活独特而温柔的氛围。跟多数人不一样，我第一次从都曼机场进市区，并非搭乘车子走陆路，而是饭店派船沿着河道接我而去，所以第一印象中，我不只避开传说中恼人的交通拥塞，还证实了曼谷"东方威尼斯"的旧誉。没想到后来竟有机会在曼谷前后住了七年，可以继续在寻常的生活中去印证初始的印象，对于食与住，我真是特别有所感。

想了解一个国家的生活思维，大概没有办法不借助饮食习惯的观察与分析作为线索。当地文化与外来文化在无言的竞争中谁较强势，日常饮食的风格往往就透露出端倪。比如说，台湾无论从咖啡厅或商场的饮食文化，都可以看到外来的影响；而一派温和的泰国，却一直以饮食特色来表达自己，政府还有计划地派出受训过的厨师到欧洲去宣扬文化，让人非常羡慕。

在谈猪肉这一章时，我想起泰国最经典的一餐：蒸糯米饭（泰语音似khao niaw）、生木瓜沙拉（som tom）和烤猪肉（yam mu），无论五星级饭店或路边摊都做得一样好，真正可以称得上"国民风格餐"。我想是泰国人经常在生活中练习，因此味道的织就无论在家庭或商业，都可以做得丝丝入扣。

我教学员做这道菜时，总要她们去分析其中味道的组合。调味的架构有：酸、甜、咸、辣、香、辛、苦，缺一而不足。而各种味道的来源——咸味可以来自鱼露、腌渍物（如腌生蟹、腌虾）；甜味有棕榈糖与蔬菜；香味是烤过的主食材；酸味有柠檬或罗望子汁；辣味是各种辣椒与葱蒜；辛味是捣剁过的辣椒皮、果皮和辛香蔬菜；微微的苦味则是果皮与研磨后的香料所出。

我要大家这样去看这道菜，是因为厘清调味的经纬之后，所有泰国凉拌菜就可以任你变化了，如果缺了哪一种当地食材，你也才能判断要以另一种取代时，是不是合理的考虑。

材料

霜降猪肉1片（约150克）

腌酱

酱油1大匙

糖1大匙

拌酱

香菜1小把切碎

红葱头2颗切碎

蒜头2颗切末

粗辣椒粉1茶匙

柠檬汁2大匙

鱼露2大匙

糖1又1/2大匙

做法

1 用腌酱把霜降肉（整片或切半）腌一个小时以上。

2 把1/3碗水煮滚后，放下腌好的霜降肉，盖上盖子，保持中小滚煮约20分钟。

3 打开锅盖继续收干，酱汁已浓，小心火不要太大，让肉像是在煎烤一样，有微焦香味就起锅。

4 放凉后如上方照片所示，与纤维反向斜切成片，再与拌酱混合。配上大量的生菜，如萝蔓心或莴苣叶更佳。

Enhancing Skills ——————————————————————

让表演更出色

这则食谱是以干煎来仿烤的香味，没有直接用烤箱是考虑到没有设备的朋友。一份肉要烤得好并非易事，因为烤在高温下会把食材的水分大量带走，如果不懂得同时用焖与烤来保护湿度，香是香，肉质却很干硬。

另一个我不是很鼓励大家用小烤箱烤肉的原因，是很多人在用过烤箱后并没有仔细清理喷出的油与汤汁，下一次再加热时，油烟会大大地困扰你。尤其是小型烤箱，加热管离食材太近，一喷上去就有遗患。

糖醋排骨

在糖醋排骨中，糖与酱油几乎等量，而糖在菜肴中常有"脱水"的作用，
若不慎选有条件的部位来做，在高糖分酱汁中久煮的肉一定会变得比较干硬。

现在餐厅里以"糖醋"带头的菜色，做
法多半是用西红柿酱、糖与醋相伴，以
勾芡的汁烩煮裹衣油炸过的食材。从调
味料的添加来看，显而易见这是近二三
十年才流行起来的糖醋法，因为西红柿
酱是西式餐点的桌上蘸料，早年在台湾
并不是家常用的调味料。

糖、醋煮成酱汁来烩是一种糖醋法，但
这样的糖醋味只能沾附在食材的表面，
如果遇到不能久煮的食材或时间不够
时，这种糖醋做法是很理想的，因此餐
厅也就慢慢采用了。而在这则食谱中，
我们要讨论的是入味的糖醋煮法。

我很少看到一道菜能被人人喜爱，而糖
醋排骨很奇妙，明明就是一道非常偏甜
的菜，却连平常不喜欢甜味的人也能给
它赞赏。我的嫂嫂最怕吃到带甜味的
菜，但她说糖醋排骨好，天生就该是这
个味；我的孩子们还说，只要有糖醋排
骨的汁，就可以再加饭。

在这道菜中，糖与酱油几乎等量，算是

含糖量很高的配方。值得注意的是，糖与盐都有非常特别的性格，无论是固体或溶液中的盐或糖，都会倾向与它们所接触食品中的盐分或糖分达到平衡，常被作为"脱水"之用。因此，如果不慎选有条件的部位来做这道菜，在高糖分的酱汁中久煮的肉一定会变得比较干硬。

一整只猪对开后，一边各有15～16根肋骨，虽都叫小排，但并非质地根根一样好，第6～11根是最好吃的，称为"正子排"，肉质比较嫩。如果买到正子排，请你试试以下的食谱。

材料

Basic Recipe

正子排1斤

红萝卜1条（切片刨边成滚轮状）或新鲜菠萝2片

糖3大匙

酱油3大匙

醋2大匙

酒3大匙

水八分满1碗

第一次下厨的朋友，建议排骨大小不要超过大姆指的长度，比较好操作，等做熟了，就可以一大只、一大只调理，煮与煎相伴，更有剧场效果地上桌。

有很多小朋友不喜欢红萝卜，但与糖醋排骨一起煮的红萝卜却因为非常入味而受欢迎。左页的变化型是与菠萝同煮，菠萝除了有酸甜的味道之外还有酵素，如果不加，调味料中的醋也同样可以达到酸味的效果，只是少了一点热带风情与水果的天然滋味。

做法

1 把正子排汆烫后洗净。

2 把所有调味料、水和红萝卜放在锅中煮滚。（如果用的是菠萝，可以先放一片，另一片在排骨煮好后再稍煎作为装饰。）

3 放入排骨煮滚后，把火关小但要维持滚动，加盖约煮25分钟。

4 打开锅盖察看排骨是否熟软，时间可以再拉长，但支持时间的是水分，所以水如果不够，就要酌量地增加。

白云猪手

猪肉或猪杂即使不臭，用米酒炖煮也能更增加风味。
如果想试试酒煮的猪肉料理，猪手与猪舌这两种可冷可热的食材是不错的选择。

Basic Recipe

材料

猪脚（约2斤）

米酒1瓶

水（1瓶米酒如果无法淹漫过猪脚，就要再加水盖过）

广东人称猪脚为"猪手"，在食物中，"脚"总不算是个优美的称呼，如果把猪直立地拟成人站立的姿势，手就是指前脚了。如今在餐厅中，"猪手"之名已常用，但并不一定专指前脚，也有些人用"元蹄"或"肘子"来称呼。

我一直到长大后才敢吃"茭白笋"，也是因它的台语谐音"脚白"让我闻之怯步。母亲知道我怕在食物中听到"脚"这个字，所以，小时候我们的暗语是把我最爱吃的猪蹄子叫作"高跟鞋"，因为所见的猪只都有黑足底，就像穿着一双高跟黑皮鞋。

猪因为杂食，所以很多人觉得它的肉有特别的臭味，一定要余烫过才好，但台湾现在最受欢迎的黑毛猪，如果很新鲜，其实是一点都不臭的。猪肉或猪杂即使不臭，用米酒炖煮还是能增加风味，我把猪手与猪舌这两样做法相同、可冷可热的食材放在一起，如果你有兴趣做做这种酒煮的猪肉料理，脑中就有两种数据可供参考。

我喜欢称猪舌为"40元的鲍鱼"，因为一只猪舌才40元，刚起锅稍回凉就切片来吃，是非常美味的。不过也只有自己动手，才能享受到这么物美价廉的菜肴，它的美在于你可以掌握到：出汤汁之后的够软与退温到适合温度时的回紧，却又没有风干失去水分前的质地。

另一种变化

同样的做法也可用于猪舌。但因为猪舌体积较小，建议米酒的用量只要半瓶就好。

煮过猪脚的汤汁含有大量动物胶质，如果凉了就会结成冻，所以有时候我会特意把其中的一些猪脚肉切成小块，与汁同冰后再扣出，做成肉冻。只要淋上一点蒜头酱油或另加一点香油、香菜，就是夏天很好的一道前菜。

做法

1 猪脚剁块，余烫15分钟洗净。

2 把猪脚放入锅中，加米酒、水与盐调味，水量要淹过猪脚。煮滚后转为小滚，加盖炖煮约1小时。

3 用筷子戳戳看够不够软烂即可。

一点小叮咛 通常酒和水的比例我会以2：1为准，如果用全酒，要小心加热后你家的警报器会不会响起。这道菜可以热吃也可以凉食，酒可以除去肉的腥臭味。

牛肉 Beef

台湾有本地牛肉与不同国家输入的各级产品，味道的确有所不同，但因为每个人对于肉味与肉质的喜好各异，所以在这一章中，我只以不同的部位来介绍烹调的方法，而不讨论自己的主观好恶。

购买牛肉的时候，除了从颜色判断新鲜度之外，我非常重视"闻"的功夫。如果你对眼前牛肉的新鲜度有任何质疑，请一定要拿起来闻一闻，不够新鲜的牛肉会开始泛出酸味或微微有焦味。贩卖牛肉的店员常常会告诉你：没有问题，是因为肉没有和氧气接触才会颜色晦暗，这是一种可能，却不是唯一的答案。所以，还是先信任你自己的感官知觉，而后从购买中累积经验。

这几年牛肉进口的标准与供货都不断改变，所以我是以超市常见的供货作为实作的材料，请以个人的喜好来决定你采购的来源。真正重要的是，你应该学会如何调理手中的食材。

拌牛件2式

童年拌牛筋 / 老虎菜拌夫妻肺片

Basic Recipe

材料

牛筋1条

小黄瓜1条

蒜头3颗

调味料

酱油2大匙

米醋2大匙

糖1.5茶匙

香油1大匙（若喜欢更重的油香，请用1.5大匙）

适合卤过再拌着吃的牛肉部位都"不能油"。如果不容易买到牛肚与牛筋，先用牛腱来做；先区别出味道与调理的方法，就能掌握更复杂的操作了。

小时候，我在东部乡下的市场没有看过卖生牛肉的摊子，却有卖羊肉的。当时牛肉虽不是家庭常用的食材，但记忆中如果有机会在餐馆吃到牛肉料理，总是特别精彩。那几年我们家有间房子在市中心租给人开了一家名为"广东馆"的餐厅，我好怀念他们的凉拌牛筋。牛筋卤烂之后再冰凉，回到了恰到好处的嚼劲，这绝对是经验老到的掌握；每片牛筋又斜刀切得大小相宜，拌着的小黄瓜并没有拍碎却是松软的，非常简单大方。

拌牛件另一道出名的料理是"夫妻肺片"，台湾有一阵子很流行挂着这样的招牌，但卖的是火锅。有一次我好奇，找一家店特地去问，全店上下竟没有人知道为什么店里有这四个字，因为他们也没有这样一道菜。

二〇〇八年带小女儿去上大学时，在罗得岛的一家名叫MUMU的中国餐厅吃到他们做的"夫妻肺片"，味道倒是真的很好，使我想起了小时候的凉拌牛筋。

夫妻肺片的"肺"字本是"废"，是取牛杂不甚受欢迎的部位老卤而后拌的料理。传说清朝有一对刻苦夫妻以卖拌肺片维生，手艺很受欢迎，口碑相传之后，故事于是成了菜名。今天，废片已不再是废片，大家喜欢的是这道菜麻辣辛香的相和之味。

这一则食谱中的两道拌菜是夫妻肺片的转型，因为原菜有太多的佐料要备齐也困难，只要出味的条件具备就好了。做这道菜时，我想起了"老虎菜"，这是很简单，但可以成为任何凉拌菜中一个部分的小菜，应该介绍给大家。

牛肉有很多部位都适合卤过再拌着吃，但得有一个条件是"不能油"，因为动物脂肪凉了之后，固态的砂粒感很腻，所以常用来卤的部位不是牛肋条，而是牛腱、牛肚和牛筋。如果不容易买到牛肚与牛筋，先用牛腱来做；先区别出味道与调理的方法，接下来就能掌握更复杂的操作了。

请把这道菜的重点放在"拌"之上，所以，你也可以先买些卤好的成品来练习，这样在忙碌的生活中，也能增添一点饮食变化。

童年拌牛筋

做法

1 小黄瓜要压，但不要拍太碎，切成与牛筋相衬的大斜片。

2 把切好的蒜头、牛筋、小黄瓜和调味料拌匀即可。

Basic Recipe

夫妻肺片材料（4人份）

牛腱约半条

牛肚1/4个

老虎菜材料

香菜1小把

葱2~3根

洋葱1/6颗（也可加小黄瓜）

麻辣酱1茶匙（可以直接在超商买老干妈麻辣椒酱）

香油1大匙

醋1大匙

酱油1大匙

糖1/2茶匙

老虎菜拌夫妻肺片

把切好的牛肚与牛腱肉片和老虎菜拌匀。

Other Variations ————————————————————————————

另一种变化

右侧的照片加了一点红辣椒，想提醒你，虽是同一道菜，其中一点颜色也会改变它的感觉。左侧照片中的老虎菜是一道北方的开胃菜，酱中有麻辣，却不加红色的鲜辣椒，清清爽爽的绿色。做这道菜要注意的是，香菜不能用切的，一定要用掐的，否则没了叶的形态，整道菜会泛出刀口切出的铁黑，也没有枝叶彼此架构的轻盈之感。

蚝油牛肉片

淀粉有吸住水分、柔化蛋白质的功能。以进食者的角度而言，
吸住水分使食材感觉比较松软，淀粉产生的滑嫩感也能入口愉快。

我想从这道炒牛肉片来讨论粉与嫩精的用法。很久以前，大家就发现淀粉对食材的影响，
习惯在要炒或要烫的肉里拌上一点淀粉（最常见的是太白粉）。淀粉有吸住水分、柔化蛋
白质的功能，以进食者的角度而言，吸住水分使食材感觉较松软，淀粉产生的滑嫩感也能
入口愉快，这是此种做法成为生活习惯的原因。我的奶奶喜欢把瘦猪肉片裹上一层太白粉
再煮汤，我父亲是崇拜母亲料理的孩子，他常常提到奶奶的瘦肉清汤有多好吃！

另一种大家熟知的柔化作用，就是用木瓜粉做原料的嫩精。水果中经常含有可以分解蛋白
质的酵素，在《猪肉》一章中我们用菠萝煮排骨，或是这一章中用苹果腌韩式烧肉，都属
于这样的应用；一般说的自然嫩精，就是指青木瓜粉。

酵素有它的好处，但借助太过，当然会使肉的质地产生粉粉的散落感，反而是一种减分。
有的人彻底地反对使用嫩精，以为对健康有害，大家可以在仔细了解后自己决定。

做法

1 把牛肉片用腌料腌制至少半小时。

2 先用半汤匙的水与一点盐把四季豆稍煮至变色，立刻起锅，在盘中不要
堆栈，松开来散热。

3 在热锅中放入约1匙油，润一下锅之后立刻放入牛肉片。

4 松开牛肉片，使其均匀受热，因肉薄，不多久便已经八分熟。

5 加入剁碎的蒜头，继续翻炒一下。

6 倒入刚刚起锅的四季豆，拌匀就可起锅。

材料（3~4人份）

菲力牛肉片150克（约4两）

蒜头3颗

四季豆半斤

牛肉腌料：

蚝油1茶匙

酒1茶匙

太白粉1又1/2茶匙

韩式牛小排薄片

说起西门町的韩国烤肉"阿里郎"时，先生的赞叹常使我有错失一遇的憾恨。
也是在丈夫发光的眼中，我才知道食物回忆对孩子的魅力。

我第一次做这道菜的时候，先生只闻到味道、还没尝到肉就称赞我，他说闻起来地道，这使我很得意。并不是因为他是韩国人，而是"韩国烤肉"是他童年味道之忆的情有独钟。

虽然我们只差一岁，但他在台北市长大，从小又因为家庭关系，对很多老餐厅有难忘的回忆，尤其说起西门町的韩国烤肉"阿里郎"时，他的细说与赞叹常使我有错失一遇的憾恨。从结婚听他说起这佳肴已过二十六年，也是在丈夫发光的眼中，我才知道食物回忆对孩子的魅力。

后来无论在哪一国吃到韩国烤肉"Bulgogi"，很少嫌弃事物的先生都不曾赞美过我们眼前的食物，反而是一次又一次地说起以前的"阿里郎"多好吃，又说公公的好友黄伯伯每从澎湖来台北，总要吃上好几盘。黄伯伯是糖尿病的老病号，妻子是医师，因此饮食被管理得特别严格，但为了"阿里郎"的Bulgogi，黄伯伯漂洋过海时就暂把爱妻的叮咛放一边了。

我的韩国泡菜与Bulgogi是在新加坡居住时的邻居韩国妈妈教我的。她对我真好，不只倾囊相授，一早叫我去练习时还准备了一堆吃食招待我。韩国女性很豪放，不只个个是球场高手，回家转身入厨房，又都烧得一手好菜。Mrs Hur的菜很有专业的品位又有家庭的温度，也许是因为这样，我第一次回家练习时，就得到我们家那个韩国烤肉迷的直声称赞。

做法

1 牛小排薄片先一片一片松开。

2 将腌酱材料全部混合搅拌均匀。

3 腌酱倒入牛小排薄片中拌匀，腌制至少一个小时。

4 洋葱切丝，青葱切细丁。用一点油把洋葱放入干锅炒香，拨到锅中的一边，另一边放入腌制好的牛小排薄片，拌炒之后再两边汇集。熄火前将细葱加入拌炒一下，即可起锅。

一点小叮咛 如果家中有陶盘或烤锅，就可以在桌上直接操作。夹生菜吃或配饭，都一样好，如果要用韩国常用的卷心莴苣，请确定生食的安全性。上方照片中用的是沙拉用的萝蔓心生菜叶。

Basic Recipe

材料

牛小排薄片600～700克（请以家人口味的轻重调整肉与腌酱的量）

洋葱半颗

青葱适量

腌酱

苹果磨成泥1/3颗（可用梨或奇异果代替）

蒜头磨成泥4颗

酱油3大匙

细砂糖2大匙

芝麻油1大匙

太白粉1大匙

芝麻适量

骰子牛肉

我想以小尺寸的食材来帮助大家建立煎牛排的新观念。先把小尺寸做好，
才能更进一步思考做一大块时，要如何克服设备或条件上的问题。

在很多人的印象中，牛排都是一大块肉在盘上吱吱作响的意思，但在接续的这两则食谱中，我却想以小尺寸的食材来帮助大家建立煎牛排的新观念。如果你能把小尺寸的食物做好，才能更进一步思考做一大块时，要如何克服设备或条件上的问题。我选择用牛小排和菲力来讨论牛排的做法，是希望大家第一次下锅就能有好的成绩。这两种牛肉也都适合白灼，因为肉质都很软嫩，但两者一瘦一肥，刚好可以用来分析。

牛小排是牛只肩胸和肩胛相连的部分，因为肥瘦分布均匀，使得油花量虽然几乎高达35%～45%，入口时也不觉得腻，跟其他分布极端的部位相比如肩、胸），口感与滋味都优劣立辨。

要分辨一块牛小排新不新鲜，除了以肉色为基本判断，还有一个该注意的要点：脂肪与瘦肉的分界要非常清楚明晰。若脂肪已沾染肉红，该红的泛黑，该白的带红，就不再是没有与空气接触而造成的颜色问题了，而是鲜度不够。

肉质好的牛小排如果切成正立方体，就像游戏工具的骰子，但这道现在流行如此称呼的菜色，二十几年前就在某些越南餐厅或粤菜餐厅以精细的手法呈现了。那时的黑椒牛肉粒，颗颗都精选。

做法

1 把牛小排条切成正方体，一样要退到常温。

2 干锅烧热后立刻放下牛小排，每一面都煎。翻动时速度稍快，如怕照顾不及，一次不要下太多。

3 每一面都熟后，撒上一点盐与黑胡椒，趁热吃。否则牛小排凉后脂肪会再凝固，感觉较腻。

Basic Recipe **材料**

牛小排

盐

黑胡椒

Other Variations

另一种变化

青紫苏牛肉丼

这道丼饭本不在我先前的食谱规划中，但一煎完看到锅中喷香的油，立刻担心你会擦去或洗掉，于是赶紧拿来一碗饭，做成一碗青紫苏牛肉丼，希望再添剧场里的多一份想象。

做法

1 青紫苏叶洗净后切成细条。

2 把白饭倒进煎牛排的锅，用所出的油把饭炒一下，加上一点盐与黑胡椒。这时，锅中焦香也尽入饭中，这饭非常非常好吃。

3 将之前煎好的骰子牛肉切成薄片。

4 再加上青紫苏叶，就可以像照片中一样排成一个日式丼。

Basic Recipe

材料

牛小排

盐

黑胡椒

白饭

青紫苏（大叶）

培根菲力

围绑上一块培根肉的菲力牛排是传统的做法，除了加入培根的烟熏香味，
还可以补充一点油脂给虽柔软却偏干瘦的菲力。

菲力是肉质柔软的部位，但是与牛小排的柔软
成因完全不同。这条长约50～60厘米，宽度视
牛只大小约在10～16厘米左右的肉条，虽然并
没有油的支持，却因为它包覆在动物体的较深
处，没有运动过度的问题，肉质很好，一直都
深受喜爱。尤其是对想吃牛排又怕脂肪摄取过
度的人来说，菲力总是最优先的考虑。菲力是
从法语filet　mignon而来，同一个部位在猪肉
中惯称为腰内肉或小里脊。

围绑上一块培根肉的菲力牛排是传统的做法，
除了加入培根肉的烟熏香味之外，还可以补充
一点油脂给虽柔软却偏干瘦的菲力。也常有人
在上盘时，再借着一颗生蛋黄给这样的牛排更
多的滑柔油脂，但我的家人更喜欢以布列奶酪
来相佐。

培根菲力

做法

1 牛排要退到常温，不要直接从冰箱拿出来就下锅，这会使得外焦里生，无法完成好的
作品。

2 用一条绑粽子的麻绳把绕着牛排的培根绑好，但请不要绑太紧，这样做只是不要它散

开，并不需要扎出腰身。

3锅完全热后放上牛排，如果你用的锅子容易粘锅，请先上一层薄薄的油。除了上下两面，牛排四周的每一面也请都要好好照顾，这样热刚好从四面八方透进来到达中心点。

4切记热度是由外而里慢慢进行，像菲力这么厚的牛排，在某一段时间中盖上锅盖是必要的处理，有助于锅中保有更理想的热度。由于每个人喜欢的牛排熟度都不一样，右页的照片提供了三种煎的时间及其熟度作为基本参考，你可以依据喜好而定。每种煎法一开始的工序都是相同的：将牛排放入锅中先开盖煎2分钟，使牛肉的两面褐化，封上牛排的表面，接下来就进行盖上锅盖再开盖煎完的工序。（此块牛排厚约4厘米，已完全回到常温。）

5 起锅上盘后拆去线，淋上酱、放奶酪。

6 制作简易红酒蘑菇酱：5～6颗切细丁或薄片的蘑菇先用干锅炒到香，仿烤取得香味后再加一点油与蒜末，继续翻炒。然后加上黑胡椒，倒入红酒和水，用小火炖煮约半小时成较浓的酱。

材料

菲力牛排（某些超市有一块块切好、单独包装的出售。因为温度很重要，这些牛排通常不会放在任选的开架上，多半都存放在有专人服务的冰柜中。）

培根（不要买合成的培根，很容易断裂就做不成这道菜。请挑选是完整三层肉片的培根。）

奶酪（Brie de Meaux、Taleggio或你喜欢的任何一种，但软质比硬质更合适，青白霉不拘）

盖上锅盖3分钟，打开后每一面再各煎30秒的熟度。

盖上锅盖5分钟，打开后每一面再各煎30秒的熟度。

盖上锅盖7分钟，打开后每一面再各煎1分钟的熟度。

红酒蘑菇酱料

蘑菇1小盒

黑胡椒（分量依个人喜好而定）

蒜头2～3颗

红酒300毫升、水100毫升

托斯卡尼炖牛肚

你大可把炖菜想成我们的卤煮，只是调味与辛香料不同，气氛就大不同。
动手做这样的菜，最能了解饮食世界里东与西共通的讯息有多么奇妙！

我一直到一九九七年之后，才知道意大利人这么喜欢吃牛肚，特别是托斯卡尼这一省的几个城市。米兰、佛罗伦萨的街上都有卖牛肚汉堡的摊位，他们把原本一盅盅的炖牛肚夹在面包里，虽然美国化了，但不知比汉堡好吃多少倍。

一直南下到威尼斯，饱尝海鲜之后，我还是会想到炖牛肚的浓厚滋味，所以离开前，知道要在圣塔路齐亚火车站买好绿橄榄佛卡夏面包与炖牛肚再上车，这样北行的路上就会非常饱足快乐。后来我去费城探望孩子时，也会一早就奔到小意大利去，点一盅炖牛肚、一小条法国面包，再加上一杯浓缩咖啡，天冷时特别受用。

喜欢吃就一定要动手做，这道炖牛肚是我贪吃后所做的功课，虽然有点费时费事，但工法上却一点都不难，没有太高深的技巧。这道菜在牛肉料理中算是油量很少的，但一锅里结合了大量蔬菜与彼此甜味的相融，是很意大利的。

所谓的"炖菜"，你大可想成我

们的"卤煮"，水分与时间的搭配是很近似的，只是调味与辛香料不同，气氛就大不相同，但它们都可以代表过去的一种生活方式，慢火煮着的是汇集的味道与珍惜。我在动手做这样的菜时，最能了解饮食世界里，东方与西方共通的讯息有多么奇妙！

❚ 做法

1 牛肚切成宽约2厘米、长约5厘米的条状，每条约食指大小。

2 蒜头剥皮稍微压碎，量可多一点。洋葱切中丝。

3 西红柿每颗约切5～6块。西洋芹削皮切块，大小跟西红柿一般大。

4 用一半米酒与一半水（水量必须淹过牛肚）滚煮牛肚10分钟，捞出洗净。

5 加入所有的液体材料与调味品，滚起后放入牛肚煮10分钟，再放入所有蔬菜（洋葱和蒜头若能先炒香更好）与香料。

6 所有材料都再度滚起后，继续煮40分钟，然后熄火焖半个小时；接着再滚40分钟，焖半个小时。（如果想要更软烂，请第三次再滚20分钟。）其中停顿的时间是以余热来焖，没有焖烧锅的人应更懂得利用余热。

Basic Recipe

材料（约5人份）

牛肚1个

红酒300毫升

意大利番茄酱（Prego）200毫升

水1碗半

盐1大匙

洋葱2/3颗或1颗

蒜头半颗

番茄4颗

西洋芹1/3颗

巴西里1小把

新鲜香料

（能买到最好，如巴西里、百里香、迷迭香等，如果没有，以意大利香料粉取代，但最好有巴西里）

牛肉汤2式

越式牛肉汤 / 罗宋汤

越式牛肉汤的特色在于：以洋葱、牛肉为基础的法式汤到越南生根后，吸取了柠檬、九层塔的香味来唱和。相同的热处理，在俄罗斯就成了罗宋汤。

我建议你透过【越式牛肉汤】与【罗宋汤】这两道料理来认识一种观念：地理环境影响了料理的特色。你可以趁此分析一下南国料理与东欧饮食的基本动词并无不同，但就地取材与国族对于味道的喜好，则形成了饮食文化的庞然基础。

越式牛肉汤

越式牛肉汤如果做成小小一盅，可以是非常精致的料理。记得我们卜居曼谷的第三个家是在23巷，这条巷很有点名气，巷中有两家越南料理，卖的都不是一般的越南河粉、越南三明治这类日常食物，而是很精致的菜色。其中有一家，庭院花木扶疏，白的木门窗、蓝白瓷器与侍者的服装，让人一见就想起Catherine Deneuve主演的电影《印度支那》。

越南的米味道特别，做成河粉，质地是好的，但米味特别强烈。即使用牛大骨熬的越式牛肉汤，一加上河粉，汤味也是走淡了，家常或小摊的汤头，很少不添加人工甘味。味精常让人在一时一刻觉得东西很好吃，只因味道浓烈，吃后口干舌燥，很难留下好的印象。与其如此，何不选择少喝一点，但喝得更有这道汤原本的美意。

Basic Recipe

材料（3~4人份）

牛腩、牛肋条或牛腱1斤（如果怕油就用牛腱）

洋葱2/3颗

水1000毫升

盐或鱼露（越南店有牛肉精，但那是人工合成味，建议用自然调味品）

生鲜配料

柠檬

辣椒

九层塔

银芽

（每人约配1/4颗柠檬、其他材料少许，若口味较重可再加量）

越式牛肉汤的特色在于：以洋葱、牛肉为基础的法式汤到越南生根后，又吸取了柠檬、九层塔的香味来唱和。银芽也常是材料之一，但是有些人不喜欢生冲一下就吃的腥气，真要免也可以，不过其他两样绝不可少。

▌做法

1 牛腩切块，滚水汆烫过洗净、沥干；洋葱切丝。

2 柠檬横切对半，再切成块；辣椒对剖将籽拿掉，切成粗条状；九层塔洗净、沥干。

3 洋葱加水煮滚，分次加入汆烫过的牛肉（避免一次放入太多牛肉，因为那会使水瞬间降温，让血水再度渗出，汤就会混浊。）

4 牛肉完全放入后，转为中小滚炖煮约1小时左右。试尝牛肉够不够烂，即可调味。

5 食用前依个人喜好挤入柠檬汁，加上辣椒及九层塔。如果有银芽，要趁汤最热时加上，但量不可多。

罗宋汤

与【越式牛肉汤】做法完全相同，只是食材不同，在俄罗斯就成了罗宋汤（"罗宋"是Russian的音译）。这道菜因为流传上遇到材料条件受限的问题而必须变形，今天我们对罗宋汤的认识已是

让表演更出色

"汆烫"是为了要解决加温时肉类食材血水不断引出而影响外貌的问题，所以先以温度第一次封住表面的蛋白质。汆烫食物时，要等水大滚起再放入食材，在完成表面的封面后，就可起锅。那些凝固物看起来虽是咖啡色或乳白色的浮沫，却并非污秽之物，而是血水中所含的铁质与食物的蛋白质。汆烫后的食材要用水再冲洗一次，以免浮沫又再度混浊第二次的汤水。

对于腥臭味较重的食材，汆烫就不只是封住表面而已，还有拔去味道的用意，所以会多煮一下，即使食物已因为这样的处理而全熟也不在乎，例如猪脚。

透过餐厅的供应而熟知的内容，与原貌有了差距是必然的结果。现在常见的罗宋汤主要是加入马铃薯、红白萝卜、洋葱和牛肉一起炖煮，这是因为没有甜菜，自然以其他的食材取代。

牛肉牛筋煲

卤一锅牛肉之后，不要每餐都用同样的吃法上桌。可以盛一碗起锅加热，再滑下一、两个蛋做成滑蛋牛肉；也可以在小砂锅里垫青菜，烧成牛肉煲。

牛肉的某些部位卤到可以入口却不过烂，就可以待冷切薄以下酒或配饭。卤是过去冷藏条件不足时，在生活中保存食物的重要方法，跟多数的料理一样，卤在非常早之前，就从家庭深入到商业供应。

牛肉除了煮到适当的软硬度捞起切片之外，如果再继续加热，让汁更浓稠、肉更熟烂，则可以用来与主食搭配，像是牛肉面、牛肉饭。

用来红烧的牛肉确实是牛腩好吃，但它的问题是非常油，所以如果煮的时候出现了一大层浮油，请不要讶异。浮油虽可以撇去，却仍有很多脂肪留存在肉中，应该注意的是，当我们以多油的食物当一餐的主菜时，其他菜色就尽量不再用油调理了。就算沙拉是个好搭档，它也绝不该以油醋、千岛酱或法式蛋黄酱之类的酱汁来调味。营养是总预算的问题，这里摄取得多，那里就绝不能再随心所欲。

我建议卤一锅牛肉之后，不要每餐都用同样的吃法上桌。你可以盛一碗起来，另起一个锅加热，再轻轻滑下一两个蛋，做成滑蛋牛肉；有些可以做成牛肉面，或是像这则食谱，用一个小砂锅，在锅里垫上青菜，烧成一个牛肉牛筋煲。

Basic Recipe

材料

牛腩（肋条）

牛筋

姜

蒜头

酱油

糖

沙茶酱

酒

调味比例

每1斤牛腩或牛筋可以2大匙酱油、1茶匙糖、2大匙沙茶酱、1碗酒、1碗水为参考。

做法

牛筋与牛腩熟烂的时间不一样，用一般的锅子，牛筋约要多煮两个小时。因此，让牛腩与牛筋一起煮，到达喜欢的牛肉软硬度后，牛腩先起锅，继续煮牛筋。筋整块煮更费时间，如果一开始已决定大小，可以预估缩小的尺寸（约会缩1/3），切好后再煮。

1 牛腩（肋条）切成约大拇指长的块状，滚水汆烫过后洗净。

2 姜切薄片，蒜头去皮压碎。

3 汆烫好的牛腩放入热锅中，煎至金黄色表面，然后推往锅中的一边，另一边放入切好的姜、蒜炒香。不需要加油，利用牛腩所出的油来炒已经足够。等取得香味，再汇集牛腩加入所有调味料，拌炒后加水煮滚。

4 整锅都滚起后，把火控制在小滚的状态，卤煮约1小时，试尝牛腩够不够软烂。

5 同煮的牛筋可以不用炒，烫过水洗净后直接入锅。

6 如果要在砂锅底层铺上青菜，请先把青菜焖蒸或烫熟。

鸡肉 Chicken

鸡肉是在近三十几年才成为台湾家庭的日常主菜，1961年开始引进洋种鸡之前，只有所谓的"土鸡"。但土鸡并不是指某一个鸡种，而是指长期在台湾生长的"本地鸡"，这包含汉人来台之前原住民饲养的野鸡、汉人从内地带来的鸡种，以及从日本、美国所引进的鸡。所以，即使说是"土鸡"，它们的血统也还是很复杂的，并没有单一的外表可供辨识。

跟土鸡大有区别的是1961年以后所引进的白肉鸡。洋鸡因生长期短，价格可以符合一般大众家庭的需要，很快就超越了土鸡的饲养量，也使得鸡肉慢慢成为家庭里常出现的主菜。以前要在"加菜"时才会出现的"鸡腿"，如今是很多人餐餐得以选择的便当主菜之一。

现在传统市场上最主流的鸡肉供应既不是肉鸡也不是土鸡，而是肉鸡与土鸡所混种的半土鸡。这些外观与体型变异大的鸡种，也叫"仿仔"，是"仿土鸡"的简称，明其并不纯正的血统。想是因为土鸡身价较高，又标榜根在本地，所以即使血统各占一半，也叫作"仿土鸡"而非"仿肉鸡"。

在禽畜肉类的食材中，鸡算是最容易区分部位的，分为鸡腿、鸡胸与鸡翅来讨论，大概就足以符合一般人初学时的需要了。一只大鸡腿，最能说明一道菜因为剧场效果而产生的价值差异。大鸡腿便当每天都会见到，属于平价料理；但精妆细着之后的鸡腿用来当主菜，便可以好几倍于它的材料售价。如何把鸡的几个部位以不同方式有模有样地端上餐桌，是这一章中的功课，希望也能让你稍微改变每日便当与快餐的印象。

白切鸡变化4式

白斩鸡 / 泰式白切鸡 / 海南鸡 / 三水鸡

白切鸡是先用白水来焖煮一整只鸡之后，再配上不同的蘸酱；
除了品尝鸡原味的鲜美与嫩汁之外，酱更加深了一层味觉的感受。

我想要在这一则食谱中，把常见的白切鸡料理做个简单的整理。
并列的延伸食谱有：【海南鸡】【三水鸡】【泰式白切鸡】和台
湾的【白斩鸡】。

这几道分布于亚洲各地的鸡料理，都是先用白水来焖煮一整只鸡
之后，再配上不同的蘸酱；同时受欢迎的原因除了是鸡本身原味
的鲜美与嫩汁之外，酱更加深了一层味觉的感受。虽然是闻名于
不同的国家，但这几道菜都跟华人有关，因此基本上，它可以说
是中国人吃鸡肉最出色的方法之一。

白斩鸡

这样的菜名望文而知全意，"白"说明了烹调的方法，"斩"则
表示这道菜是连骨带肉的剁块上桌，一听就感觉到其中的粗犷豪
气。白斩鸡应该是多数人从小到大在年节或庆宴上最熟悉的印
象，鸡皮因为斩剁而微离了鸡肉，是透明的黄色，上盘整顿后，
皮与肉还是难免分离，隔着一层薄薄透明的膜，乳白的肉显露
了"嫩"这个字水滑的视觉效果。

台湾为白斩鸡所预备的酱料，各地不同，但都是以生酱油泡辛香
配料为主。有的地方只泡粗细不一的蒜头碎，有的在生蒜之外又
加生辣椒或青葱；我最喜欢的，则是以九层塔、蒜头、辣椒腌制
而成的蘸酱。

泰式白切鸡

曼谷七年、新加坡五年的寄居，白斩鸡对我而言很自然地从家乡传统食物的印象，变成了这两国闻名于外的美食认知。两国鸡肉的吃法都比台湾细致，去骨之外，鸡胸还一定去皮，无论是不是随着香兰南姜鸡汁饭上桌，肉一定切成小块、小块，得要好几片才够拼得上我们剁成的一块。这时，就能明白"斩"字是不可随意用于菜名的，大刀才能出豪块，这可不是南洋华人料理的作为。也因此，无论海南鸡、三水鸡或泰国的白切鸡，酱的特色绝对超过肉的本身，这与台湾大口吃肉、或蘸酱或不蘸酱的吃法，真应该分别来看待。

泰国白切鸡的蘸酱一般都有两种，一种显然受当地饮食影响，是蒜头、辣椒和柠檬汁的组合；另一种则是维持潮汕人的吃法，把姜泥与粗细姜粒同时泡在豆豉的酱汁中。

海南鸡

新加坡的海南鸡也有两种酱，其中的红酱与泰国的几乎一样，另一种则是颜色青翠的葱泥，一眼得见广东食风的彰显。

三水鸡

三水鸡在新加坡不像海南鸡这么普遍。来自广东三水区的客家女子非常勤奋，她们的服饰特别之处在于头上所绑的"红头巾"，后来"三水婆"就成了这一区客家妇女的代称，而三水婆在年节所煮的白鸡蘸的是独特的姜泥，这也使得三水白切鸡成为流传南洋的客家美食代表。

现在被餐厅再次包装上市的三水鸡，是包在生菜中一起吃，我认为这当然不是"传统"的吃法，而是创意的说法，太摩登了，失去穷苦岁月的合理印象。但三水鸡的重点是"油泡姜泥"，这姜泥又与泰国潮汕的豉汁姜酱有所不同。

白切鸡的煮法

各种白鸡料理，虽然酱有不同、鸡种也不同，但烹煮的方法其实是大同小异的。在过去，鸡都是一整只卖、多半也是一整只下锅煮，现代家庭人口少，不一定要买一整只大鸡才能做这些菜。另外，为了怕鸡肉过熟不好吃，商业上多半采用"泡煮"而不是"滚煮"，但如今这种做法是否还能通过大家对于卫生观念的检验，恐怕也得再想一想。尤其是夏天，千万要把食物煮熟，也不要为了皮的脆而随意泡冰水，卫生部门已发出过几次中毒案例的警告。

煮鸡的过程

如照片中所示，约700克重的仿土鸡大鸡腿1只，先煮1200克的酒水（酒、水比例为1∶1），等滚起后再放入鸡腿。再度滚起后计数10分钟，熄火泡10分钟；接着再滚10分钟，再泡10分钟后捞起。（如果煮的是全鸡，酒水量最好淹没整只鸡，中间滚煮浸泡的时间延长为20分钟；第二次则是滚煮15分钟，再泡15分钟。）

煮鸡的时候，因为大小尺寸的差异，所需的熟成时间会有不同，上述的酒水用量和鸡肉重量比例可以作为你估算的参考，至于滚煮的时间，请以全熟为最重要的考虑。你可以用一只细叉插入最厚的部位，再观察洞口冒出的水是否清澈。

酱汁的做法

蒜头九层塔酱

这种酱在制作上没有任何特别之处，但一定要记得，把蒜头先用糖泡一下，这不只可以使味道柔和，对于胃怕刺激的人来说也比较好。另外该注意的是，有些酱油太浓，请以开水调和。

三水鸡姜泥

这道酱用嫩一点的姜当然是比较好吃的，但是秋冬没有嫩姜，如果是老姜，磨成泥之后记得要把汁挤去一些，以免太辣。在小锅中用多一点的油炒煮姜泥，等凉了之后再加上盐与一点糖调味。请不要在油很热的时候调味，调味品会凝结成块。

葱泥

与姜泥的做法一样。

海南鸡酱

蒜头5颗、姜1小块、辣椒2条（如怕太辣可去籽）、柠檬1颗榨汁、糖1大匙、盐1小匙，用调理机或果汁机打成酱。如果没有机器，就请分别剁碎后再混合。

豉汁姜酱

广东的三大民系是广府、潮汕与客家，饮食之风交叠影响。这道酱用的是颜色偏黄的豆豉，而不是晶莹透亮的黑豆豉。把姜切成细丁，与姜泥同混在豉汁中，如果觉得浓度太高，请加水调稀。

韭黄炒鸡胸

若以肉的甜度来说，鸡胸的确是非常鲜美的部位，
但因为纤维粗长，更要注重切取的方法和煮法，才能吃出它的真价值。

鸡胸是评价两极的部位，有些人为了健康的理由，把鸡胸看成是整只鸡最好的部位；有些人则因为吃过煮得太老的鸡胸，而觉得它是一整只鸡最难吃的地方。若以肉的甜度来说，鸡胸的确是非常鲜美的部位，但因为纤维粗长，如果切取的方法不对，又不重视煮法，就真的不受欢迎。

肉鸡的鸡胸一定比仿土鸡的来得松软一些，但我不知道该不该随便用"嫩"这个字来形容，因为对"嫩"的理解与要求，每个人有不同的标准。我想告诉大家的是，如果你怕硬，请不要买土鸡或仿土鸡胸。

一整块的鸡胸厚薄相差很多，不必坚持整块烹调，我们可以用简单一点、成功率高一点的方法来试试看。

▌做法

1 把鸡胸切片，腌入所有的调味料。

2 韭黄洗净沥干、切段。

3 用一点油先炒韭黄，加一点盐与柴鱼粉稍微调味，立刻盛盘。

4 清理一下锅子，热锅后再加上一点油，放入鸡胸。很快地把鸡胸拨开，不要集中成堆，如果食材的受温不够均匀就会出水。

5 鸡肉因为有腌过酱油，很快就会褐化，产生香味。一闻到香味，就可以大翻到另一面着色，再拌炒一下即起锅，把鸡胸铺放在炒好的韭黄上面。也可在锅内倒入韭黄，和鸡胸拌匀再装盘。

材料

去骨鸡胸1个，约400克

韭黄约200克

调味料

酱油1又1/2汤匙

香油1汤匙

酒1汤匙

糖1/2汤匙

太白粉1汤匙

蒜香柠檬生煎鸡腿

鸡腿如果一路只用锅来煎，流失的水分与油会使肉质变干，
在煎之外兼用少量的水焖煮，才能同时呈现香味与熟嫩。

即使是相同的部位，带骨而熟与去骨而熟的鸡腿，口感是绝对不同的。如果要生煎一只鸡腿，那我会建议你试试带骨的整腿；如果是生炒鸡丁，用去骨的鸡腿会比较容易掌握熟度，达到滑嫩的要求。

生煎是复合动词，不只用到煎，也要用少量的水来焖煮，这是因为既需要香也需要熟嫩，所以从经验中累积出来的应用。

以鸡腿来说，如果一路只用锅来煎，流失的水分与油很可能使肉质变干，这样太可惜了，所以很久以前，厨师们就懂得运用两种以上的动词特点来兼顾更理想的状况。你可以利用这道生煎鸡腿，好好练习这种非常深思熟虑的烹饪方法。

我特别用"生煎"这两个字，是希望你想起"生煎包子"、"生煎锅贴"这些常在街上见到的制作实景。仔细观察，你会发现其中一定有"加水、加盖"的工序，这就是除了"煎"之外的"焖煮"。

做法

1 2只带骨大鸡腿各切成两段，洗好沥干后先抹上盐，腌20分钟。

2 锅预热后加入一点点油，稍煎一下鸡腿，让两面都有一点颜色，时间约是2分钟（如果你用的是不粘锅，就请不要再用油，肉鸡的油非常多）。

3 加上3汤匙的水，盖上锅盖，用中小火煮约8分钟。此时锅中的水大约已烧干，开始会有一点油释出（如果鸡腿太大，时间要拉长，水量也要跟着增加）。

4 关火，但不要开锅盖，再焖约3分钟，让热更进入骨头的部位。

5 再度开火，如果油很多请用纸巾擦掉，以免煎变成"浅油炸"。而油太多也会使油烟变大，鸡皮更干。

6 取出鸡腿后，继续用原锅烹煮酱汁：稍炒蒜头，再倒入柠檬汁，柠檬汁刚好可以把锅中的焦香收起，最后加入盐、糖、黑胡椒与红胡椒粒。

食材小常识 红胡椒粒是产在南美的一种浆果，有水果的清香但没有辣味，干燥的果实有点空脆，与结实的胡椒很不相同。

材料

带骨大鸡腿2只
盐1/2茶匙

酱汁

柠檬汁半颗
蒜头3颗
盐1/4茶匙
糖1/4茶匙
黑胡椒
红胡椒粒

三杯鸡

要使浓汁入味于较大块鸡肉，必须先煎后煮以取出某些香味，再以酱煮入味。
而三杯鸡的做法与味道，正是值得学习的基本型经典菜色。

我要用三杯鸡来说明浓汁入味于较大块鸡肉的做法。先煎后煮是为了先取出某些香味，再以酱煮入味。如果酱汁不同或搭配的食材不同，同样的方法就会变化出不同的结果，因此，请特别注意烹煮的工序。

我以三杯鸡为例，是因为这道菜流传已久，虽然今天我们所吃的三杯鸡已经是改良过的，加了蒜头与九层塔，但它的做法与味道的确是经典的菜色之一，值得作为基本型来学习。

三杯鸡中的"三杯"指的是一杯酒、一杯麻油、一杯酱油，但这说明的不是量的问题，而是这三种调味食材的等比关系。这个基调今天很难再被采用，不只是因为我们对油的需要与想法已大不相同，酱油的咸度也有了多样的选择。所以在你做三杯鸡的时候，只要记得"酒、酱油、麻油"是必不可少的，再以糖来协调它们的味道平衡，做出来的鸡就一定会很好吃。

▌做法

1 带骨鸡腿剁成约12～15块，每块大小不要相差太多。

2 姜刷洗干净，连皮一起切出薄片。整颗蒜头去膜但不要拍压。

3 用清油把洗净并擦得很干的九层塔先炒好备用。

4 锅热后倒入麻油，用中火把姜片与蒜头煎香，喜欢干香的人可以多爆一会儿。

5 姜片与蒜头取出一半，另一半留于锅中，把鸡肉与蒜头均匀铺于锅中，煎至两面都着色之后，再加入所有调味料拌匀煮至滚起。接着调整为较小火力，盖上锅盖焖煮至收汁（约需20分钟），起锅前可再下1汤匙的酒，稍炒就起锅。

6 将炒好的九层塔倒进来拌和就可盛盘，或换到已经热好的砂锅中保温上桌。如果要加辣椒却不要辣味，可稍煎后作为装饰，但不要以生的状况直接上盘。

Basic Recipe

材料

仿土鸡带骨大鸡腿1只，约
重700克

姜1段

整颗蒜头约10颗

九层塔3~4叶（连骨一挑，
千万不要摘成单叶，才不会
显得单薄）

麻油2汤匙

酱油3汤匙

糖2/3汤匙

酒半碗

照烧鸡翅

照烧是以酱油、味酥与酒煮成的烧烤酱汁，已成日本料理的代表性味道，
现代家庭为了方便，也转型为以照烧酱或煮或煎地模拟出古早的烧烤美味。

传统照烧的做法，是把食材先在火上烤到七八分熟，涂上一层煮过的酱油甜酱，继续烤，
再涂酱，再烤。这样的做法在今天不再用炭火炊食的家庭中，其实是有点不方便了，但这
以酱油、味酥与酒煮成的酱汁，却因为深受喜爱而成了日本料理中非常具有代表性的味
道。现代家庭中为了方便，也就转型为以照烧酱或煮或煎地模拟出早期生活的烧烤美味。
在美国与欧洲，更是让人感觉到"照烧"的名闻四海，Teriyaki竟跟Sushi一样，在餐厅里变
成了人人都懂得的外来词，无须过多地说明与介绍。

值得跟"照烧"一起认识的是"幽庵烧"，这个煮法据说来自江户时代的茶人北村佑庵所
传，是把白身鱼用照烧的酱汁腌渍后再烤。前者是让食材的原味与依附在表面的浓酱进口
中才融合；后者则是送酱汁的味道深入食材当中。浸泡不只以时间换取味道的深入，也同

时改变食材的质感，这道鸡翅是不腌直接煮，因此理当命名为"照
烧"。"幽庵烧"后来也有创意料理写作"柚庵烧"，是以柚子的
轮状切再加入酱汁中，想来是料理人从文字附会而来的创意。

🥄 做法

1 在锅中把所有照烧酱的材料煮滚。水是为了支持加热的时间，
所以分量是可以调整的。这道菜如果用肉鸡，煮的时间会比较
短，水量就应该减少一点。

2 放入鸡翅，翻覆沾汁，让每个部位都上色后，盖上锅盖焖煮，
仿土鸡至少需要20分钟。在确定最厚的部位完全熟之前，如果觉
得酱汁不够，请再酌量加水。

3 当整只鸡翅都熟了、酱汁也都收干，把火关小，继续加热进行
着色与糖化，这是用锅来模仿照烧"烤"的色与香。因为鸡已是
熟的，只要颜色满意，就可起锅装盘。

Basic Recipe

材料

二节翅4大只，约500克

🍴 **照烧酱**

酱油3汤匙

细白砂糖2汤匙（或味醂
2.5匙）

米酒3汤匙

水八分满1碗

──────────

一点小叮咛 请注意三杯鸡和照烧鸡进行的方式是相反的：三杯鸡是先煎
取香味再煮酱汁；照烧鸡是煮好酱汁后再煎取香味。

韩式炖鸡

具有养生食感的韩式炖鸡是少数用糯米浓化的汤品，
这种稠化的方式很值得学习，学会之后就可以转用于自己的料理中。

材料

土鸡或仿土鸡1只（若怕
太油，就买公鸡，但肉质
会比母鸡硬）

长糯米半碗

蒜头10颗

红枣6~8颗

生参或干参须（生须可用3
颗，干须用1/3把）

枸杞15~20颗

米酒1瓶

蘸酱

胡椒盐

胡麻油

新鲜蒜头薄片

韩式炖鸡除了轻药味的养生食感之外，我觉得它之所以受喜爱，也是因为汤中有自然的浓稠。这是少数用糯米浓化的汤品，很值得学习，学会后可以再转用于自己的料理中。

不只糯米可以稠化汤品，现在也有人把米饭打一打之后和于西式汤中，我觉得这也算是个好方法，但比例很重要，如果喝汤时看到或感觉得到米饭的颗粒，其实就算穿帮了。

做韩式炖鸡，糯米如果塞于全鸡的腹腔以限制米的随意四散，谷物的浆液可以与汤汁融合，但不会造成汤不像汤、粥不像粥的感觉。（如果不是用全鸡来做，可以把糯米装进网眼很大的纱布袋与鸡同煮，但要预留糯米膨胀的空间，只装1/3袋的量。）当然，同样的配方也可以煮成粥。糯米的黏度与粳米不同，要斟酌米量，免得煮出一锅完全没有汤汁感的粥。

做法

1 糯米泡水后，装入已掏空的鸡腹腔，糯米至少会膨胀两倍，所以要预留空间，太紧了米会不熟。也可以在米中加入几颗枸杞，但不要多，酸味太强会影响味道。

2 用一个可以容纳整只鸡的深锅，放入鸡后注满盖过鸡的水量（我喜欢酒水各半的比例，但你可以自己决定酒量），量出水量后先把鸡抓起，等酒水都煮滚再放入参、蒜头、红枣、枸杞和鸡。

3 等所有材料再度滚起，调整火力为中小滚，盖上锅盖。1个小时后检查一下，若还不够透，请继续加热，鸡可翻动，但无须过度。

4 滚到整只鸡与腹中的糯米都熟透时，汤的浓度会改变，药材的味道也释出，尝过原汁后再调味最为准确，用一点盐与白胡椒其实已足够，搭配蘸酱即可上桌。

Other Variations ————————————

另一种变化

剩下的鸡汤，可以在隔天早上加入大燕麦片煮成粥。而同样的做法，你也应该会做【香菇炖鸡】；　如果在香菇炖鸡起锅前再加上蛤蜊，又将使你的菜单上多一道变化。

柠檬鸡条

去骨的肉鸡腿本来就很滑嫩，地瓜粉面衣的香酥也很讨喜，
再配上新鲜的柠檬汁蘸酱，掌握操作的小技巧，就能减少油炸物的燥热之感。

我曾经开过二十一年的餐厅，因为顾虑到工作人员每天如果都做着同样的菜，难免会熟而生厌，所以餐厅的特色是经常更换菜色。因为常客很多，更替新菜时，客人都是高兴的，只有几道菜，每次被换下，客人一定很快就反映他们的不满，【柠檬鸡条】就是其中之一。

我想，这道【柠檬鸡条】之所以深受欢迎，理由其实很简单：去骨的肉鸡腿本来就很滑嫩，而面衣用的是地瓜粉，油炸后产生的香酥很讨喜，加上我们的蘸酱是用新鲜柠檬汁煮成，自然的酸甜减少了油炸物的燥热之感，酸甜香酥，特别虏获孩子的心。

虽然我很不喜欢油炸，餐厅却不得已地在客人的要求之下，几乎从未间断过这道菜的供应。在这则食谱中，我想与大家分享的是操作中值得注意的几个小地方。同样的做法如果不喜欢炸，也可以用煎的做成"鸡丼"。

🥄 做法

1 把切好的鸡条腌在酱料中，如果你不想要鸡皮，在腌之前就该整张先拔去。腌2小时之后就可以用，如果一次腌的量很多，也可以冻在冰库中存放。

2 准备一个容器装着地瓜粉，腌过的鸡条因为有足够的湿度，一碰上干粉很容易就能裹上，轻轻抓握，让每一个鸡条上都有一层外衣，炸起来才会好吃。

3 等锅中的油热升至约180度，如果没有油炸温度计，也可以丢进一两颗较粗的地瓜粉，一看到粉很快浮起，就知道油温已够。

4 把鸡条一一轻轻放进锅中。放多少量应该要配合你的锅具大小来取舍。量太大，温度的照顾不足，炸起来的东西会不够酥脆。我建议一般家庭用的锅子，放入的炸物不要超过油量的1/3。

5 炸好要起锅前，请稍微加大火力。用油沥捞起鸡条后最好直立起来滴油，彼此不要叠放，免得热气又焖软了酥脆的皮。

6 两种酱汁的做法如下——

柠檬酱： 新鲜柠檬汁与二砂（二号砂糖）同煮，加一点点盐，再以玉米粉勾成酱；如果不想损失维生素C，可以先把糖与玉米粉煮成浓酱，冷却后再调入柠檬汁。

蜂蜜芥末酱： 黄芥末酱加蜂蜜。

材料

去骨鸡腿12两，每只做成6条

🍴 **腌酱**

酱油1汤匙

糖1汤匙

酒1/2汤匙

太白粉1/4汤匙

（小一点的鸡腿可以用3只鸡腿配2份腌酱，一只也只要切成4～5条）

炸粉

地瓜粉（请买颗粒较粗的）

豆制品　Soybean Foods

大豆制品应该一分为二。原汁原味、或湿或干的产品归一类，它们味道接近，质地差别却很大；嫩豆腐、板豆腐、腐衣、冻豆腐与原味豆干都可以归在这一类。另一类则是在售出前先经过油炸或烟熏，因此味道都盖过了豆汁原本朴实的清香，表现出较厚重的余味。

经过油炸之后的豆产品，质地更坚韧一些，可以担任禁不起一碰的豆腐所无法演出的角色；用来做稻荷寿司的豆腐皮，或用来填鱼浆绞肉的空豆包就是一例。

豆制品不只廉价地提供我们身体需要的蛋白质，也使得素食者的餐饮生活有了更多变化。除了健康受限的原因之外，我很少听到有人强调自己不喜欢豆腐类的菜肴；这朴素的姑娘一登场，总让人想起苏轼的"淡妆浓抹总相宜"。

我最喜欢关于豆腐的文字，并不是出现在专写美食风物的篇章中，而是很久很久以前读老舍的小说《骆驼祥子》中的一段文字：

坐在那里，他不忙了。眼前的一切都是熟习的，可爱的，就是坐着死去，他仿佛也很乐意。歌了老大半天，他到桥头吃了碗老豆腐：醋、酱油、花椒油、菜末，被热的雪白的豆腐一烫，发出点顶香美的味儿，香得使祥子要闭住气；捧着碗，看着那深绿的菜末儿，他的手不住地哆嗦。

吃了一口，豆腐把身体烫开一条路；他自己下手又下了两小勺辣椒油。一碗吃完，他的汗已湿透了裤腰。半闭着眼，把碗递出去："再来一碗！"

那碗老豆腐的美味是衬托在祥子疲惫的身躯与复杂的心情之下，口舌与胃腹间的感受，既是味更是情，至今难以忘记。

蒸豆豆浆

将豆子蒸熟后再做成豆浆，只是一个程序上的差别， 呈现不同的风味，提醒着我们别让旧的经验占据了惯常的思考。

记得头一次喝到豆子蒸熟后再做成的豆浆时，我感到非常惊讶，一时竟无法辨识出杯中饮料的成分，一直怀疑除了黄豆之外，主人还添加了什么不同的材料，比如说，绿豆蒜？或这黄豆其实是用火焙过的？总之，除了浓之外，这样的豆浆还有传统豆浆所没有的另一种成熟香味。

材料

大豆1杯

（约可做3～4杯豆浆）

我没有想到，只是一个程序上的差别，就能使我们所熟知的豆浆变得这么不一样。这对料理的学习来说，实在是一次很好的体会；熟知的道理有时候连想都没有被想起过，只因旧的经验总占据了我们惯常的思考。

第一次煮完这道豆浆的早上，我不像平日那样，以咖啡当饮料，但还是好奇地拿起每天做卡布奇诺时用的简易打奶泡器，在锅中搅动起热豆浆。没想到奶泡胀起的速度比鲜奶快，泡沫也很厚实细致，餐桌上薄薄带把的玻璃杯，闪烁着晨光可爱的气息。

可能是没有喝过头戴白帽的豆浆，而这杯豆浆又这么香醇可喜，我顿时在心中把它封为最好的早餐饮品，悄悄地背叛了厨房墙角那台咖啡机，决定下午再喝我那杯被心率限制，一天只能一杯的卡布奇诺。

以下的做法，是以没有豆浆机的朋友为考虑所写的。

🥄做法

1 以大约两倍的水泡着洗净的黄豆，如果是夏天，一定要放进冰箱冷藏，夜晚泡，早上起来刚好可以用。

2 将泡过的黄豆蒸或煮透，若用锅子煮，以两倍的水约煮50分钟。

3 熟透的黄豆拿出冷却之后，加入生豆量四倍的水一起放进果汁机打碎，再过滤。

4 如果要再度加热，请小心控制火，豆浆滚起后很容易溢出锅外。这道饮品无论加不加糖、或冷或热都很好喝！

5 用一支简单的手持打泡器，就能做出照片中那样的豆浆卡布。

豆汁百页

用稀释过的豆浆把百页煮胀，看它们像大白帆船扬扬得意地迎热招展，只要加上酱油与芥末、细葱，就像重温在日本吃掬豆腐皮的滋味。

卖百页豆腐的人都爱交代初次买豆腐的人说："不要煮太久！"如果你回问为什么，说的人也答不出个所以然来。在外面有机会吃到百页豆腐的时候，感觉都是紧实的，这种大豆蛋白的制品味道与豆腐不是很有关联，我因此一直都不大喜欢，觉得它扎实到不自然。

有一次，嘉华的幺妹做卤味时忘了时间，不只忘了，还忘了很久，所以把几块没有切开的百页卤到都"开花"了。本以为是个大失误，没想到却错得这样可喜，嘉华用"滑蛋"形容这个无心插柳的美食，我一听很心动，马上就试了。

因为锅子很大，不断加热时，百页才有足够的空间能伸展。那些百页像大白帆船般扬扬得意地迎热招展，我守在锅边，看得真开心！

Basic Recipe

材料

百页豆腐2个（未煮之前约5×11.5厘米）

无糖豆浆450毫米

水900毫米

葱

酱油

芥末

在台湾还没见过有人卖"掬豆腐皮"，所以我第一次吃到胀得软绵绵的百页豆腐时，想到的并不是滑蛋，而是掬豆腐皮，这种不用挂沥，趁豆腐皮凝固前先用手捞起的豆腐皮很纤细。幺妹这个美丽的错误带给我很大的快乐，我自此以后就常用稀释过的豆浆把百页煮到大胀，只要加上酱油与芥末、细葱，就好像重温在日本吃掬豆腐皮的滋味。

做法

1 无糖豆浆加水煮滚（焖煮时需要足够的水分，如果用浓豆浆，

会一直煮出豆腐皮来）。

2 下百页豆腐，焖煮1个小时。

3 盛碗后，用酱油、芥末调味并撒上葱花即可食用。

海鲜豆腐羹

豆腐切细煮汤时，如果勾芡煮成羹，再滑一点蛋白，
可以让豆腐本有的柔滑不致有孤掌难鸣的遗憾，完成的画面也会更柔美。

豆腐切细煮汤，如果不勾芡，它本有的柔滑就有着孤掌难鸣的遗憾。韩国也有以豆腐为底的锅，汤也是又浓又滑，那是辣酱中的糯米糊所致，与勾芡一样，都有以浓郁保温的用意。

只要是新鲜的海鲜，用来煮这道豆腐羹都很合适。海鲜可以是单样或多样，也可以加上一点猪绞肉，变形为海陆合味的羹汤。在这道羹中，最要注意的除了"味"之外，还有"形"。因为豆腐切得细碎，铺天盖地而来，海鲜的尺寸就应该跟豆腐配合，不要太大。汤是一匙又一匙舀起就入口的食物，如果喝的时候，要把某些固形材料在碗中先用汤匙裁小，这会立刻减失温度的妙处；又或者送进口中了，才发现材料需要咬成一半留在匙中，那真的有些扫兴。

每当想起温度与汤之间的关系，我就会想起日本人喝汤的器具"汤吞"。日本并不是一开始就不用汤匙的，他们的食器发展也曾经有过汤匙，但后来发现，汤匙在舀送的途中会失去汤最恰当的温度，慢慢就改为以碗就口，在哈气吞吐之中，随个人喜欢来决定温度。重视美食的民族，最不能忍受汤的温暾，中国人的火锅与羹汤抢的也就是温度恰到好处的一刻。

🥄 做法

1 豆腐切成小块沥干，海鲜切成小块状，金针菇切成短段，洋葱先切成丝再切成细丁，香菜或芹菜切成细末。

2 如要用蛤蜊，先煮熟，挖出肉待用，汤汁可以取代其中的水量。

3 汤汁滚后放入洋葱、金针菇煮约10分钟，让洋葱的甜味先煮出。

4 加入豆腐，整锅都滚起后先勾芡。虽然这时还等着海鲜的汇入才决定味道，但勾芡之后滚起的汤汁温度会比较高，煮海鲜时就能供应更理想的条件，熟度也不会因为工序费时而过度。

5 再度滚起后，加入海鲜。放入时轻轻拨动，只要使海鲜不黏成一团就好，不必用力翻覆不停。

6 因为海鲜切成的尺寸都不大，无须久煮就会熟，滚起之后立刻调味，若这时觉得海鲜所释出的水分使浓度变稀，还可以再勾一次芡，但小心不要过度。

7 火转小，滑入蛋白，轻轻并快速地搅动，不要让它凝结成块，这样才能使汤有小白花的感觉。

8 洒上香菜、白胡椒粉与香油，做最后的装饰与提味。上桌时也可加上红酒醋。

一点小叮咛 因为豆腐无论怎样切，角度总是较硬板的，滑一点蛋白会使完成的画面更柔美。不加蛋黄是因为颜色混杂，徒然搅扰了豆腐的素雅。

Basic Recipe

🍴 **材料**（8人份）

嫩豆腐1.5～2盒（可自行调整）

水1100毫升（可以用鸡高汤取代部分的水，味道会更好）

洋葱1/8颗

金针菇1包

太白粉3.5大匙（请参考60页《厨房中的粉》中式汤羹的勾芡比例）

蛤蜊1斤

虾10只

鱼4两

（海鲜可任选几项，不一定要备齐）

蛋白1颗

香菜或本地芹菜

盐或酱油（汤的颜色会不同）

香油

白胡椒粉

柳川风豆腐烧

柳川市闻名的鳗鱼料理采用类似滑蛋的做法，汤汁不多但香甜柔滑，
后来也被广泛应用于不同食材。这道豆腐烧，就是来自于这样的联想。

"柳川"是日本九州岛福冈县内的一个小城市，就在筑后川注入有明海的河口地带，所以城内至今仍有许多蜿蜒通幽的渠道，游客可以乘小船漫游柳川市景，欣赏旧仓房与岸边软枝摇曳的垂柳。柳川市除了特产"有明海苔"外，鳗鱼也很著名，采用类似滑蛋的做法，汤汁不多，但香甜柔滑。

柳川鳗鱼料理因地成名之后，这种味道与做法就被应用于不同的食材上，"柳川风牛肉锅"、"柳川风地鸡锅"……在日本各大城中的酒馆餐厅常可见到；这道豆腐烧，就是来自于这样的联想。

要把柳川风料理做好，最重要的是蛋与汁液的比例要恰当，蛋的熟度也要刚好。汁烧得太干，蛋滑下去就一如炒蛋，凝成块状，没有滑的柔嫩可爱。另一点该注意的是，滑下蛋后，火一定不能开大，别忘了所有的凝蛋料理都怕过高的温度，火太大，蛋会出现坑坑洞洞，就与柳川摇曳生姿的水乡风情不大相配了。此外，整颗蛋可以打得很均匀，变成同一个颜色，也可以蛋黄蛋白只稍做拌和，这样锅中的滑蛋就有另一种黄白自然交接的生动。

做法

1 洋葱与菇都切成丝，如果用香菇，可以切得比洋葱厚一些。

2 在锅中先用1匙油炒香洋葱及菇，然后加入所有调味料，滚煮至蔬菜出香味。

3 把切好的嫩豆腐小心地放入锅中炖煮，不要开太大的火，以免豆腐煮坏，出现坑洞。

4 如果觉得豆腐不好翻面，可舀起酱汁淋在豆腐朝上的一面，此时可加入葱粒。

5 把蛋汁均匀地滑入豆腐四周，保持小滚使蛋渐渐凝固，加上葱丝与七味粉即可上桌。

食材小常识 七味粉是日本的一种辣调味粉，混合的是辣椒、陈皮、白芝麻、黑芝麻、山椒、紫苏、青海苔这七种药味辛香料。如果没有，以辣椒粉代替也可以。

Basic Recipe

材料（2~3人份）

嫩豆腐1块

洋葱1/4个

金针菇1包

青葱1根

蛋2个

七味粉

调味料

酱油2大匙

味醂1.5大匙（或糖1大匙多一点）

柴鱼粉1/4小匙

水5大匙

炸豆腐丸子

豆腐丸子一炸好就可以尝，是很吸引孩子的一道年菜。
由于豆腐水分多，要先压干，才不会使肉丸子过度软烂而无法成型。

Basic Recipe

材料

板豆腐2块

梅花绞肉200克

葱1根

干香菇3朵

蛋1颗

太白粉2大匙

调味料

柴鱼粉1/2茶匙

盐1/2茶匙

胡椒粉1/2茶匙

糖1/4茶匙

炸豆腐丸子是小时候我们家过年一定要做的菜。我很爱帮助母亲做这道菜，因为一炸好就可以尝，这对孩子来说很重要，品尝味道是最好的参与证明，我无论带自己的孩子或小厨师，都从他们身上不断看到这种喜悦。

记得豆腐丸子起锅时，当时正在分担其他家事的哥哥们也会围过来要求品尝一两颗，母亲总是很高兴，放着锅边的事，看着我们喷喷称热与赞不绝口，直到惊觉这样吃下去，年夜饭餐桌上的量就不够了，大家才恋恋不舍地离去。我的先生说他以前也最爱过年时婆婆炸的肉丸子，我猜想，食物可爱的形状对孩子而言一定是很有吸引力的，小小分量也正符合尝试而不影响大局完整的尺度。

我很小就会用两只汤匙刮下一球、一球的豆腐肉泥，交给母亲下油锅。因为豆腐水分多，要先压干，才不会使肉丸子过度软烂而无法成型，这是母亲年年做这道菜时总要叮咛我的事。

做法

1 把板豆腐捣碎后放在滤网上，轻压出水分待用（如果有纱布，可以用它拧去水分）。

2 葱切成细末；香菇泡水使其软胀再切去蒂头后，剁成细丁。

3 绞肉、豆腐泥与葱、香菇、蛋、太白粉和匀，加入调味料。

4 在锅中热油，用汤匙把豆腐肉泥刮成小球，每球大小约等于1个10元铜板。

5 把肉丸放入油锅炸成金黄色，捞起滴干油就可上桌。（有些小朋友喜欢蘸西红柿酱，可以试试看！）

咸鱼猪肉豆腐蒸

蒸鱼或蒸肉时,下层可以垫上豆腐,除了多一种食材因而增添丰富之感,
淡雅无味的豆腐可以收纳汤汁,又滑嫩顺口,老少皆喜。

以豆腐垫底,咸鱼与绞肉同蒸,这样豆腐就可以吸收咸鱼与肉的味道。咸鱼与肉相配的
菜色,还有广东人爱吃的咸鱼鸡粒,以及宁波人喜欢的黄鱼鲞(黄鱼干)烧肉。我们如今
做"鱼香类"的食物并不用鱼了,只爆葱、姜、蒜却称为"鱼香",应是遗漏了顾名思义
的故事性,所以"香"字或是"鲞"字的讹转。

相传吴王夫差的父亲阖闾,追逐东夷人入海时曾经吃到金色的鱼,回来后念念不忘这滋
味,就问左右还有剩鱼吗?侍从说,只剩晒干了的鱼,阖闾就还是要那鱼干,尝后觉得味
道甚美,写下"美鱼"两字,合成了一个"鲞"字。

材料

Basic Recipe

嫩豆腐或板豆腐1块

薄盐鲭鱼1/2条

梅花绞肉4两(请肉摊以中
口绞两次)

蛋1颗

太白粉1大匙

葱、姜适量

糖少许

所有的干物除了脱去水分而使味道更浓，还因发酵而新增了许多滋味，这样的滋味有人爱、有人怕，不过最奇妙的是，它的确是一种余味无穷的食材，从嗅觉到味觉不断地改变，翻转着人们对它的印象。海畔有逐臭之夫，市场也有追逐着臭豆腐香臭交叠的美食之士；味觉的确是个人的经验，但分享之后就添宽广的可能。

🥄 做法

1 葱白、葱绿分开切细，姜磨成泥待用。

2 鲭鱼冲洗擦干后，用手剔去骨与刺，再剁成细块或泥（如果你喜欢看到成块的鱼肉就不要切得太碎）。切好的鱼肉与绞肉、蛋、葱白末、姜泥、太白粉和糖拌匀。

3 把豆腐切成片，放在容器上蒸10分钟或直接煮一下，倒掉多余的水分。

4 把鱼肉泥铺于豆腐之上再蒸约25分钟，以探针或细筷子刺入整份食物的最中心，查看冒出的汤汁是否完全清澈。如果没有浓稠汁液冒出，就代表中心温度已经足够，食物熟了。

5 先不关火，放上绿葱末，再盖上锅盖蒸1分钟，让葱的香味与颜色都更稳定。

6 将容器中的汤汁勾芡或直接舀起淋于鱼肉饼之上。

让表演更出色

Enhancing Skills

建议大家先把豆腐烫或蒸一下再放上主食材，原因有二：

首先，借着第一次蒸去掉一些水分，免得咸鱼肉泥再蒸时出的汤汁被豆腐所出的水分稀释。

此外，这种蒸法是直接以餐具上锅，从上面来的温度会比下面受食器阻挡的温度高；如果豆腐又是冰凉的，贴在豆腐那一面的肉泥受热就不理想，相会之处会流出未凝固的血水，使整道菜的容貌受影响。

纳豆烤年糕

纳豆与奶酪一样，吃比闻更有说服力，靠的是经验的再吸引。
而纳豆与烤年糕是值得一提再提的相遇，不妨试试看，享受牵丝引线的乐趣。

纳豆是蒸煮过后的大豆再经由菌的作用发酵而成，虽是从内地引进，但内地人平日的饮食里却很少单独见到纳豆，多半都用于食品的再制作。所以我们熟知的纳豆食品，大概都是日本食彩的分享。

纳豆与奶酪一样，吃比闻更有说服力，所以靠的是经验的再吸引，以及有经验的人切中要点的推荐。纳豆的牵丝引线也是真喜欢的人才会津津乐道并急于和人分享的牵绊，那丝丝缕缕让没有尝过的人看着、看着，就想起了春蚕的吐丝。

纳豆烤年糕在制作上虽比较麻烦，却是值得一提再提的相遇。由于这道菜比较花时间，很少有餐厅列在菜单上，我有时会担心这一类的料理因为餐厅求简便而不再供应，所以失传了，就把这道食谱又列了进来（我曾在另一本书《唯美与美食不可辜负》介绍过，本不该重复的）。

真正好吃的料理如果不牵扯到特别的技术，与其总要倚赖专业的供应或是在餐厅奇遇，还不如自己动手。现在也更容易买到这两样材料了，所以无论如何，请在家试试看吧！

做法

1 把萝卜磨成泥，稍压出水，但不要压到太干。

2 葱切成细花待用。

3 把酱油、味醂、开水与柴鱼粉调成酱汁，也可滚煮一下，泡入萝卜泥待用。

4 用烤箱或干锅把日本年糕烤到外表胀起，内心软化。

5 在放上烤年糕的碗中淋上萝卜泥酱，再加上纳豆与青葱。年糕放凉会再度硬化，所以这道菜一做好就要马上吃。

Basic Recipe

材料（2人份）

日本年糕2小块（超市售
有整包约10～12块装，
每块都单独包装）

牵丝纳豆1小盒（一般盒
内都附有一点酱汁与黄
芥末）

白萝卜1小块

青葱少许

酱汁

柴鱼粉少许

酱油1大匙

味醂1大匙

开水1大匙

蔬菜 Vegetables

台湾无论是蔬菜的种类或供应量都非常丰富。小学在地理课本上读到宝岛四季如春，要到长大自己主中馈之后，才在丰富的市场供应中深深了解气候与生活的相关；但从另一方面看，我们也因为日日丰富，而比较忽略菜蔬"旬之味"的品尝。

小时候，奶奶常说："有鱼有肉，嘛爱菜尬。"蔬菜的好，实在不只是健康上的问题，即使抛开营养不谈，如果少了蔬菜，就让很多精彩的食材得独角上场，那种单调真是无法想象。

无论是菇菌、叶菜、豆荚、茄果或根茎类，每一种蔬菜都有与他人协调的能力、有帮衬的本质，还有很清朗的内在。尤其是现代人的餐桌上，一样是肉类，却因为速成的养育方式而堆积着过多的脂肪，所以，尽可能提高你每一餐中菜蔬的配比量，这一章的介绍就是以此为目的，希望你能时时想起它们。

凉拌蔬菜2式

腌西红柿 / 冰茄条

不管是直接搭配其他食材，或是经过热处理后浸泡在酱汁中，

冰凉入味的凉拌蔬菜，都是每个家庭可以事先预备的料理。

在家庭宴会的概念进入现代人群居聚会的生活之后，食物的意义比之过去更要多元。它们不只带来饱足、快乐，更负起呈现美感的责任；这也是我把这本书命名为"厨房剧场"的原因之一。

无论中西、家庭或商业餐厅，"冷菜"都是打头阵的料理。原因很简单，除了开胃之外，冷菜可以事先预备，对于紧接而来的厨房忙碌很有缓冲作用。如果每一道菜都需要客人入座之后才开始操作，客人的等待与厨师的紧张一定会牵动用餐的质量。

只要是经过时间考验所留存下来、被认定足以作为凉菜的菜色，都是条件比较宽松的食材。它们最好的表现并不拘泥于一种特定的条件之下，不像很多料理，必须"趁热吃""不要放"，弄得一餐饭也难免有紧张之感。

在其他的食谱练习中，照片的呈现还是偏重于工法工序的说明，因为如果不能把成品顺利做出来，就没有摆盘呈现的可能。但在这里，我想借着【腌西红柿】这道简单冷处理的餐前菜来说明"形"的变化，希望能使你感受到一个"好的开始"真的一点都不难。

材料

西红柿2颗

洋葱1颗

绿橄榄40克

香菜适量

蒜头2颗

橄榄油1茶匙

西红柿酱适量（因台湾西红
柿的品种与味道不同，用点酱
以增加颜色）

盐1/4茶匙

糖1大匙

柠檬汁1又1/2大匙

腌西红柿

有些青菜可以不用任何热处理，只靠找对伙伴就自成一道美食。
这道腌西红柿没有一定的调配比例，因此你可以依个人的喜好做
选择，直接拿来与一个白煮蛋、法国面包、酪梨配着吃，也可以
与海鲜为伴，做一个豪华的沙拉杯。

做法

1 西红柿、洋葱、绿橄榄切成细丁，香菜切末，蒜头磨泥。

2 切好的材料全部混合，再加入柠檬汁、橄榄油、盐、糖与西红
柿酱拌匀，至少泡2小时会更好吃，洋葱的辣味也会变温和。台湾
天热，这样的食物在腌泡的过程中都放在冰箱里是最好的。

Other Variations ————————————————

另一种变化

这道菜脱胎于南美的莎莎酱，如果你把所有材料都切或打得更"泥"一点，
再添加一点辣酱，它就可以是莎莎酱了，加在酪梨上、蘸玉米片或是与烤
肉、酸奶同吃，都是绝配。

类似这样在南美国度家庭天天食用的蘸酱，并没有固定的配方，但请掌握它
的地域氛围：辣、酸、甜、咸之间的平衡，西红柿与洋葱绝不可缺。

冰茄条

有些不能生食的蔬菜，在热处理过后浸泡在酱汁中，就可以当成小菜；有了冰箱之后，这些冰凉入味的青菜则成为家庭中能够事先预备的家常料理。

🍴 做法

1 把酱汁用的蒜头和香菜切碎，调入酱油、糖、醋、香油，找出一个你喜欢的平衡味道。

2 把茄子切成条状或半圆段，在锅中用水、醋与盐一起焖煮到软烂，趁热拌上2/3分量的酱，放凉后再拌入剩下的酱。放在冰箱里腌泡一二个小时会更好吃。

Basic Recipe

煮茄子材料

茄子2只

🍴 水300毫升

醋3大匙

盐1/4茶匙

茄子酱材料

香菜适量

蒜头适量

酱油2大匙

糖1大匙

醋1/2大匙

香油1茶匙

蔬菜浓汤（一）

红萝卜苹果汤 / 新鲜甜玉米汤 / 白花椰奶油汤 / 马铃薯蒜苗汤

西式浓汤稠度的来源之一，是蔬菜的淀粉质所产生的浓厚。
但记得要先把食材煮到熟烂后再打成泥，以免增加操作上的麻烦。

中式的菜色很少把食材处理到脱离原本的形貌，就算刀工再细，也还是认得出材料出处，这当然与烹饪工具的发展和生活习惯息息相关。所以，这一则食谱中蔬菜浓汤的"浓"，与中式汤羹的"稠"是大不相同的。以此来作为东西方料理的辨识，我觉得是一个很好的接口，如果不弄清楚这个基本道理，做出来的菜就会中不中、西不西，辜负了双方生活文化的特色。

西式浓汤的稠度来自于两种条件。一是蔬菜本身的淀粉质经过煮熟搅细后所产生的浓厚，如以下所介绍的【新鲜甜玉米汤】与【马铃薯蒜苗汤】。另一种则是从面粉与乳品而来的黏稠度，也就是西式料理的白酱，最常见的有【奶油蘑菇汤】。因为蘑菇虽有风味，本身却没有条件使汤浓稠，所以就另以奶油炒面粉再加入牛奶成鲜奶油，来达到使这道汤成为"浓汤"的条件。

这两个条件有时择一而用，有时两者兼采，但无论如何请别忘了，如果你想做一道正确的西式蔬菜汤，绝不可为了浓而以太白粉"勾芡"，用这一项中菜的特色来做西式的汤，就会显得不伦不类。

浓稠的汤，不只口感上滑顺，天气寒冷时也更有保温的作用。我很想把西式蔬菜浓汤的概念一次介绍给大家，所以接下来用了四个例子来说明它们的"通则"——

○ 食材都煮到熟烂后再用果汁机打成泥（如果反着做，你只会给自己添加操作上的麻烦）。
○ 要混合食材时，请考虑它们之间的相得益彰。
○ 了解食材中可以提供使之浓稠的条件，无须重复提供。这样说也许会使你感到困惑，所以请以马铃薯汤来思考。在这道淀粉已经足够的汤里，如果你还用白酱来使它浓稠，是不是很多余？

○ 煮熟的蔬菜放进果汁机打成泥的时候，不要把所有的水都加进去，应该以打得动为准，这样质地会比较细致。

○ 凡有加牛奶或鲜奶油的浓汤，都不要在温度到达后继续高温久滚，这会使汤产生颗粒，破坏颜色与质地。

虽然以下列出的只有四则食谱，但你可以根据上述五个通则做出更多种的蔬菜浓汤。我也特别为四道色彩不同的浓汤各做了一点合乎它们身份的装饰，希望与你分享味道之外的喜悦。

Basic Recipe

材料（2人份）

中型红萝卜1条

苹果1/6个

鲜奶200毫升

水200毫升（水也可用鸡高汤代替）

奶油1小块

红萝卜苹果汤

▌做法

1 把红萝卜与苹果切成薄片，用水焖熟之后加一点油炒香（请留几片作为装饰）。

2 冷却后的红萝卜和苹果加入适量的水打成泥（水直接由200毫升之中扣除）。

3 把萝卜泥、水与鲜奶拌匀后加热至小滚，加入奶油，用盐与白胡椒粉调味后熄火。

Enhancing Skills

让表演更出色

红萝卜虽不是味道讨喜的食材，但因为营养价值很高，还是常出现在餐桌上。煮红萝卜时，只要让它有足够的糖化，香味就能压过特别的生腥味，所以请先用水把红萝卜焖熟，再用油炒香，稍微冷却后打成泥，就可以做出味道很好的红萝卜浓汤。

新鲜甜玉米汤

▌做法

1 把甜玉米煮熟后，切下玉米粒。

2 用适量的水先把玉米打成泥，再加入所有的水量打一次然后过滤（如果太浓就无法顺利滤出），滤网请勿过细。

3 把滤过的玉米浓汁与鲜奶拌匀，加热至小滚，加入奶油并以盐调味。

Basic Recipe

材料（2人份）

甜玉米3根

鲜奶150毫升

水400毫升

奶油1小块（分量可依个人的健康预算而自定）

白花椰奶油汤

做法

1 把花椰菜一朵朵切下洗净；马铃薯去皮，挖去芽眼、切薄；洋葱切成细瓣。

2 以淹没过的水量把以上三样材料一起煮到熟软。

3 把煮软的材料打成泥，加入所有的水量或高汤煮滚后，再放入鲜奶油继续加热，以盐调味。请注意不要让汤滚"花"了，此刻火力不可太大，汤已浓，要小心照顾，一滚就熄火。

材料（3人份）

白花椰菜1颗

马铃薯半颗（用来增加稠度）

洋葱1/4颗

鲜奶油60毫升

水600毫升（用煮蔬菜的水，若要味道更好，可用高汤取代水量）

马铃薯蒜苗汤

做法

与白花椰奶油汤完全相同。

材料（2人份）

马铃薯2颗

蒜苗1大枝

洋葱1/6个

鲜奶油40毫升

水600毫升

蔬菜浓汤（二）

鲜菇浓汤

当浓汤所用的食材不含淀粉时，就必须靠面粉来制造黏稠度，
也就是西式料理的白酱。学会做白酱，你也就学会了焗烤料理的基本酱汁。

上一则食谱中的四道蔬菜浓汤，因为材料已有足够的淀粉质，不必再靠面粉来增加稠度。而这里介绍的【鲜菇浓汤】，由于食材本身不含淀粉，因此以白酱为底，在练习做白酱的过程中，你同时也就学会了焗烤料理的基本酱汁。

在汤中讨论浓度，是一个很有意思的问题，借此也能发现料理千变万化的背后其实都有可以解释的道理。例如，210页介绍的【新鲜甜玉米汤】，因为把玉米谷粒打碎了，煮成的汤自然已非常浓稠，但如果不经搅碎的过程，这种淀粉质虽然高达60%～70%的食材，也不能为料理做出浓度上的贡献。所以，如果你要煮的是"甜玉米粒浓汤"，就得注意两个问题：

1. 做白酱。
2. 将煮熟的玉米粒用剥的，以保持玉米颗粒的完整形貌与口感，千万不要用切的。

了解基本白酱之后，动手做一道鲜菇浓汤最有利于你认识白酱与汤的关系。白酱等于是一个"底"，可以变化其中的还有玉米浓汤、海鲜浓汤等等。

基本白酱

做法

1 用小火将奶油与低筋面粉放入锅中炒匀。

2 使用打蛋器边搅拌边加入鲜奶，直到滑顺滚起 。（浓稠度视需要而定，鲜奶与水分的增减可以自行调整。值得记忆的是奶油与面粉维持1∶1的比例。）

3 稀一点的白酱是浓汤，稠一点可以做意大利面酱，更浓的则是焗烤酱，当然还可以用不同奶酪或鲜奶油来增加风味。

Basic Recipe

材料

奶油60克

低筋面粉60克

鲜奶1000CC

鲜菇浓汤

做法

1 把各种菇类冲洗后切成小段，杏鲍菇可以切成薄片或粗丝。

2 在干锅中把菇炒熟，再倒入已经做好的白酱中，以盐调味，也可以加上一些意大利香料粉与黑胡椒粉。

Basic Recipe

材料（4人份）

奶油30克

低筋面粉30克

菇4种

鲜奶500毫升

水600毫升（可用高汤取代）

意大利香料粉少许

炒蔬菜3式

青炒绿花椰 / 油葱酥银芽 / 蒜炒地瓜叶

少油的烹调方法使青菜更能保留住自有的清香，
即使冷了也不会出现让人厌腻的油味，把菜吃完，盘中也没有多余的积油。

传统的烹调青菜方法常常用了过多的油，因此很多人觉得炒菜非要有那"砰"的一声，烟雾与火星齐飞于镬中的景象，炒出的菜才有迷人的香味。如果时间倒退三十年，我一点都不反对这样的吃法，在一天只吃三餐、桌上食物又非常有限的年代，食物的油气会带来饱足感与营养，但这已不再是今日世界应该持续的烹调概念。

就让我们从三款不同的炒青菜来想想，"油多火旺"到底是不是把青菜做得好吃的必要条件。特地选这三种菜来作为类型的思考，是因为材料本身的含水量不同，正好可以体会水分与加热的关系。

这一整个热处理的过程中，主要是让青菜在焖煮的方法中熟成（也就是水和空气的热对流），唯一可以被称为"炒"的部分只在"爆香"。辛香配料（如蒜头、姜、红葱头）需要温度才能提取香味，但爆香是否非要放在第一时间来处理，却值得你重新认识，并实作一次再下定论。

我也喜欢香味，但持家二十六年来却不再以这种方式炒青菜，原因有两个：

○ 怕油——所以我只能把少量的油用在刀口上，不是用来先润锅再炒整锅的菜。那些油只用来炒配料，供应它们产生足够的香味。

○ 怕油烟——我爱干净却很忙，不能大油大火舞弄一番再来刷洗。传统爆香之后再加入待炒的菜，引发的烟中已有细油滴，你可以试试看，这样炒菜之后，炉台的四周或窗台一定有水油沾染，要费上好一番功夫清理。我还发现，少油的方法使青菜更能保留住自有的清香，即使冷了也不会出现让人感到厌腻的油味，把菜吃完，盘中也没有多余的积油。

如果你喜欢这种少油烟的方法，请先了解青菜含水量的问题与加热的关系。一般叶菜类加热后都会很快就释放出水分（另一方面，我们在洗的时候也会夹带水分），所以，请不要一下子就加太多的水到锅中，例如豆芽菜、菠菜、白菜……如果因为水太多而需要倒掉，这又为自己添加操作上的麻烦了！

水分少的菜如十字花科、红萝卜等，需要的水分当然比较多，但也要看所切的尺寸来判断。别忘了这当中有一个非常重要的科学观念：热处理时在锅中所加的水，是为了要支持食材熟成所需的时间。因此需要多长的时间，就加多少水，才是最经济的想法。

太多了要倒掉，弄得你手忙脚乱；不够了还能继续加，因此无须紧张。在你还没有足够的经验可以一次准确地掌握大致的水量前，请先不要下手太猛；不过，你也应该在每次实作的过程中，记忆你对水量加多加少的认识。

青炒绿花椰

绿花椰在整理时，请注意要用削刀把枝梗部分的皮削去，入口才不会有粗糙老硬的感觉。因为食用花的质地比较结实，需要比叶菜更多一点的水来支持焖蒸的时间，但多也不是多到需要去烧一锅水，大致上来说，一棵手掌大的绿花椰，约需用1/3碗的水。最最重要的是，一定要加上盖子。因为，如果不靠着加盖产生"空气的热对流"来进行熟成，就得用淹盖过食材的"水的热对流"来达到同样的目的。

油葱酥银芽

掐头去尾的豆芽有个美丽的名称叫"银芽"，因为水分够，只要进锅时加盖，豆芽就能以自己所含的水分焖蒸至熟，需要的时间也只是1～2分钟之间。掀开锅盖后，加入超商都可以买到的油葱肉燥，再稍微调味就很好吃。

蒜炒地瓜叶

地瓜叶本身水分并不太多，但因枝叶的关系，洗后虽沥在网中，也还是夹带着水分。地瓜叶进锅中盖上盖子时，如果觉得水不够，可以加一两匙水，但不要多。看到叶子都熟软后，在锅边用一点油爆香蒜头，再把一旁的菜拌上，调味后即可装盘。（叶菜中当然也有水分很多的，例如菠菜，就无须再加水。）

煮蔬菜3式

树子苦瓜 / 酱煮甜椒 / 家常南瓜

蔬菜也可以靠着足以支持熟度的酱汁煮到入味。

这些菜因为没有用油，除了适合健康管理，当成凉菜也能避免油腻感。

虽然大家都很了解多摄取蔬菜的重要，但工作忙碌的职业妇女却还是烦恼着下班之后得快手快脚张罗的一餐。青菜的洗洗切切样样需要时间，如果又要择或要挑，厨房里真是兵荒马乱人疲乏。能不能在假日准备一两样事先做起来、又好吃的青菜，以缓冲工作日里的忙乱，想是许多讲究营养的人衷心的希望。

我要用三个例子来说明另一类的蔬菜煮法。它不是汤，也没有动用到任何的油，只靠着足以支持熟度的酱汁，便把蔬菜煮到入味。这些菜因为没有用油，除了符合健康管理之外，也可以存放在冰箱中，当成凉菜没有油腻感。如果是冬天，热一下就很好吃。

树子苦瓜

做法

1 白苦瓜头尾纵切成六等分，去掉浅浅一层瓤囊，斜刀切成菱形。

2 嫩姜切成薄斜片，红辣椒去籽切成斜条。

3 把树子连汁倒出约1/3瓶（如果苦瓜比较大或是你喜欢味道比较浓，就倒多一点），在锅子里加入1/3碗的水和树子，滚起后放入苦瓜与姜片，轻轻拌匀，加盖焖煮，火的大小以确定锅中维持滚煮的状态就好。如果火太大，因为汁的味道浓，锅边就会先着色，这会使苦瓜无法保持清淡的浅白色。

4 煮约7分钟之后，苦瓜就已经软了。如果是老人家食用，需要更软，10分钟一定够；想吃较脆的口感，5分钟就可以了。

5 起锅后立刻吹凉，冰凉后再吃更美味，也比较不苦。

6 红辣椒是装饰用，用一点油先加热一下就起锅，等苦瓜凉了再拌一起，就能保持漂亮的颜色。

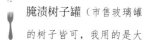

材料

白苦瓜1条

腌渍树子罐（市售玻璃罐的树子皆可，我用的是大同牌，很容易买到）

姜

红辣椒

Basic Recipe

材料

甜椒4颗

西红柿酱约半碗

酱煮甜椒

❘ 做法

1 甜椒清洗、擦拭干净，直剖对半将蒂头与里面的籽去除。

2 用瓦斯喷火枪或直接放置于炉火上烧烤，将甜椒外层的薄膜烤至焦化，放入冰水中，再用刀将薄膜刮除（泡一下冰水会使甜椒的薄膜比较好去除）。

3 将甜椒切丝，放入锅中。

4 甜椒丝只需加入西红柿酱，先以中小火焖煮至熟烂，再将多余的水分收干即可。因浓度高，火的大小是会不会烧焦的关键。

家常南瓜

做法

1 南瓜洗刷干净，切成约4厘米正方大块，只刮去部分的皮作为装饰，也可如照片中，用刨刀去掉呆板的直角。

2 在锅中放入南瓜，再加入几乎淹漫的水量，盐与糖的比例可以参考1：2的用量。如果你喜欢甜味更重，糖可以调到2.5。

食材小常识 市面上的南瓜品种很多，尽量买已经剖开的南瓜，这样你可以选瓜肉较厚、种子成熟的瓜。太嫩的南瓜煮起来水分很多，质地不紧，无论味道或形状都无法让人满意，遇到这样的南瓜，不要考虑熟食，刨片做成生泡菜会更好吃。

炸蔬菜2式

炸茄子 / 炸牛蒡

茄子在高温下，虽然色与味都兼顾了，但也有过于油腻的隐忧。
改用一点油煎再用水焖，颜色虽不到艳紫，但也不失食物该有的稳重好看。

炸青菜通常是为了要以高温造成香味的反应或保留颜色而采取的热处理法，最明显的例子就是——茄子。

茄子有一个非常美的别名叫"苏落"，这个古名很有文学气息，是因为茄子遇到油之后产生的香味如酪酥，后来就讹音为"苏落"。不过这两个字放在一起真是好美！一点都不使人想起炸茄子的油烟气味。

茄子在高温下，色与味都兼顾了，不过这个经验也带来很可怕的结果，那就是长久流传下来，中国茄子的食谱大多都非常油腻。因为做法的第一步通常都是"过油"，而餐厅有成本考虑，不能锅锅新油，这当然又带来了另一种积陈的腻味。

茄子确实需要高温来定色，不过并不是每条茄子经过高温就一定会显出漂亮的深紫色。品种与质量的不同会造成差异，即使是在同一条茄子身上，前后段的颜色也不一样，这是无法避免的遗憾。

如果很怕油腻又喜欢茄子的营养，先用一点油煎再用水焖就是另一个解决的方法了。这样的做法虽没有茄子的艳紫，但颜色是稳的，我自己觉得它也有食物该有的稳重好看。

提到油炸就想起牛蒡。很多孩子不喜欢牛蒡是因为第一次的经验不够好，吃到了炖汤，像参药一样的土根味。牛蒡的糖分很高，高温可以引发它的特色，除了日式的"金平烧"之外，用削刀刨成长薄片，洒上一点面粉，就可以炸出像洋芋片一样的点心，孩子多半是喜欢的。只是油炸物比较燥，吃一点了解它的可爱也就够了！

炸茄子

🥄 做法

1 茄子可以裹面衣或直接炸，面衣的做法也很简单，是传统日式天妇罗的调法：用低筋面粉半碗、蛋黄半颗、水80毫升、油少许拌匀。

2 茄子表面光滑，有时沾不上面衣，可以先拍一点干粉，再裹面糊，油温约在160～180度之间。油炸任何料理都不要把油放得太满，油如果溢出会着火，很危险。如果是单柄的锅型，一定要注意锅柄，不要放在拿材料时容易拨到的方向。

炸牛蒡

🥄 做法

1 牛蒡皮不需要用削刀厚厚去掉一层，用刀背轻轻刮掉即可。

2 用齿口较宽的削刀一层层刨出片状的牛蒡，泡一下盐水、沥干，这样牛蒡比较不会变黑。

3 薄薄撒上一层低筋面粉，用160度左右的油炸一下，很快就熟脆，请注意锅中的变化。

蒸绿竹笋

想吃好的绿竹笋，除了懂得挑细嫩的还要够勤劳，最好回家就下锅。 因为笋是竹的嫩芽，生命力很旺盛，不煮它会老得快。

我觉得世界上最会吃竹笋的是台湾人和日本人，你真的应该把"学会煮绿竹笋"当成是身为台湾人的权利。无论你喜不喜欢厨房，每年的春夏之际，找一天到市场去，买几只笋农赶在太阳出来前挖采的绿竹笋（中秋前就大多是乌脚笋了，虽然这个变种也好吃，但比起真正的绿竹笋，甜与细都略逊一筹）。

买绿竹笋的时候，记得选外形弯弯如牛角的，眼睛所看得到的笋基最好没有明显的颗粒感（如果看起来像鸡皮疙瘩，这样的笋煮起来都比较粗）。想吃好的绿竹笋，除了懂得挑细嫩的之外（如果你遇到诚实的商家就没有问题），还要够勤劳，最好回家就下锅。如果量太多，宁愿煮起来放，也不要以新鲜的状态保存。因为笋是竹的嫩芽，生命力很旺盛，不

煮它会老得快。

我们把竹的胎儿称为"笋"是有原因的，竹从嫩芽成长变为笋，大约
需要十天，中国自夏朝以来，以十日为旬，这样的时间概念使得竹胎
就有了"竹笋"的美名。

绿竹笋一般都建议连着几层的笋箨（也就是笋皮）一起蒸煮。我会把
笋洗干净，用电蒸炉加热，留有几层箨的笋泡在有水的浅盘中蒸25分钟
刚刚好，浅盘所剩的汤汁，我倒出来煮蛤蜊汤，风味鲜甜。市场卖笋
的人说，如果用大同电饭锅，里锅放1杯水、外锅2杯水蒸出来刚刚好，
我想原理是一样的，但自己并没有试过 。（ 因笋的大小相差不小，放
4～5个应已是电饭锅的极限。）

切凉笋还是滚刀块好，我以前把笋切得较大，有一次妈妈提醒我怎么
这么大，吃的时候我才感觉到，真的，还是一口一个，在口里细细品
尝它的甜味更理想。凉笋一般都蘸美乃滋或芥末酱油，胡椒盐其实也
不错。

我在东部渔港度过童年，对于水产的喜爱应是环境所孕育。想起来，小时候印象中家中最奇怪的海鲜是"碎龙虾肉"。我们镇上有代工龙虾标本的店，会把从大小龙虾身上挖出、零零碎碎的肉拿来出售，我猜现在应该没有人做这样的生意了。

海边长大的孩子对于海味的喜爱，当然是架构在"新鲜"的认知上，因此买任何海鲜我都是以"新鲜"为门槛。我认为评价海鲜应该分为两个层次：一是新鲜；另一是既新鲜又美味。我这句话的意思是，两种条件并不是有一必然有二。比如说，即使非常新鲜的飞鱼、鬼头刀，其实肉质都是不够甜美的；而新鲜的旗鱼虽甜，纤维却粗，做生鱼片很好吃，熟食就显出缺点。还有长在污塘的贝类虽也是活的，煮出的菜却让人无法举箸。海鲜的味道美不美，有些是本质的问题，但即使本质很好，季节与生长的环境仍牵动着海鲜的价值，"得时"就是意味着有条件的海鲜在最肥美时期上市的遇合。

鱼类的肥美本指进入产卵期之前，这时身上为繁衍后代所积蓄的营养达到了最高峰，但如今我在市场上看到很多鱼类的"肥"，竟一如禽畜类的积油，是因为养殖在拥挤的空间，又以饲料喂食的结果。这些积聚在鱼腹的脂肪让人不敢领教。

此外，都说买鱼要注意看眼睛亮不亮、鳃红不红等几个条件，我则觉得鱼身的弹性与光泽最重要，喷水刻意造成的湿度不会有自然的滑润感，不新鲜的鱼，眼珠部分也不会饱满凸出。买鱼时，除了熟知的几样检查，按按鱼腹，紧实的弹性才是无法作弊的条件。

活虾料理2式

水煮活虾 / 葱蒜香虾

煮虾最重要的是温度，因为虾的蛋白质分解酶活性很强，不赶快破坏它，
虾肉会变得有散糊感、不结实，所以要用多一点的水，放少一点的量。

尽管网络与媒体有各种报道与说法，我还是只买活虾。关于这部分的选择，就请尊重自己的喜好，做出让心中感到愉快安全的决定就很好。不同季节，市面上轮番都有活虾供应，斑节虾、白虾、草虾与泰国虾最为常见，通常冬天比夏天贵，进年关时更是飙涨。买活虾要挑去软壳的，如果看到已经放卵的泰国虾不要买，这个时候的虾肉最不好吃。

虾是很容易造型的食材，摆盘时稍动一点脑筋就会使整盘菜的感觉生动起来。虾的好是颜色与体态同时都有优势，还可以把尾部单独分开来陈列，我在右页的照片中整理出了一些造型供大家参考。

虾的头部有极尖的额剑，不小心刺到就会受伤，伤口看不见却很痒痛。你可以在摆盘之前先剪去触须与额剑，这会使进食的人安全一点，摆盘也比较利落。

水煮活虾

海鲜无论蒸或煮，热度都是由外入内，慢慢提高。记得去大连旅行的时候，几家规模很大的活海鲜餐厅都有"微波"的烹调方法供客人选择，这让我想起台湾有些咖啡厅特别声明绝不用微波炉。两者都有趣，也都有一定的支持者，我想这又是一个该自己选择，但不必争论不休的生活问题。

煮虾最重要的是温度，因为虾身上的蛋白质分解酶活性很强，在摄氏55～60度时最活跃，如果不赶快破坏它，虾肉会变得有散糊感，吃起来虽然没有腐坏的感觉，但肉就是不结实，也就是台湾话说的"麸麸"。所以，煮虾时要用多一点的水，放少一点的量，以多御少，一次就达到理想的温度。当然，以一般家庭工具的限制来说，不厌其烦、多分几次煮

就是唯一解决的办法了（水量比请参考上方照片）。虾最好趁新鲜吃完，万一不能，煮起来保存比存起来再煮要好得多。

葱蒜香虾

活虾水煮之后，还可以再变形成另一道"葱蒜香虾"。当然，你
也可以用这样的方法直接处理活虾，但顾及热处理条件的问题
（家用的炉具火力不够大或是刚开始还不熟练），烫后再盐酥也
不失为初学者值得一试的方法。

做法

1 把烫好的虾沥干后，轻拍上一些太白粉或低筋面粉。

2 在锅中放入1匙油，加热后放入辛香料炒香，立刻起锅。

3 用原锅把虾稍煎香，这时，你已无须顾虑虾的熟度，只要注意
表皮是否香酥。

4 倒入刚刚炒香的辛香料再拌和一下，加上盐与黑胡椒就可
起锅。

材料

Basic Recipe

活虾半斤

蒜头5颗

葱2根

辣椒1条（若有香菜也可
最后加上）

比目鱼甘露煮

鱼肉细致的小型鱼都适合煮，而各种酱煮鱼的做法基本上都相同，
只是由甜而咸调整调味的组合，最重要的是酒与水所支持的加热时间。

生活中有很多事我都是不求甚解的，长大后觉得很后悔，本来可以在生活中自然学会的事
还真多，白白错失了很多的机会。

小时候，妈妈常在餐桌上要我吃鱼时会说：这
鱼很好呢，是"钓仔鱼"！我一直以为那是鱼
的名称，虽奇怪怎么这些鱼长得不同却用同样
的名字，不过我连问也没问过。长大之后才知
道，"钓仔鱼"是指"海钓"鱼，而不是指一
种鱼，因为是钓来而非捕获的，数量总是少，
尤其是矶钓地势特别，经常有稀见的鱼类，又
特别新鲜。

鱼肉细致的小型鱼都适合煮，一整块鱼片当然
也可以，但单一部位只是吃起来方便，实在不
如一整条鱼来的有趣。

这种偏甜的煮法是"甘露煮"，台湾话就叫
作"豆油糖"，顾名思义，是酱油与糖的二部和
声。日本人煮鱼习惯用味醂来供应甜味，因为味
醂既与糖有异曲同工之妙，而且更进一层可以除
去腥臭味。味醂是以糯米、烧酒和曲一起发酵酿
制而成的调味料，因此"本味醂"大约含有百分
之十四左右的酒精成分，而它的糖分组成比较多
样，不像调味用的各种糖基本上都是蔗糖。味醂

与"味醂风"调味料很不同，买的时候应该分清楚。

味醂的用法依照个人的习惯不同，但日本厨师有一种经验之说是：蔬菜用糖，鱼用味醂，可以作为参考，有助于自己的烹饪基础。我不想把"酱煮鱼"再分成不同的食谱，因为由甜而咸，只要调整调味的组合就可以，重要的是其中酒与水所支持的加热时间。

🥄 做法

1 把所有的调味料和一部分的姜丝都放入锅中滚一下。

2 把鱼放进来，确定锅子的大小可以轻松容纳整条鱼，否则就不如切成两段。

3 鱼与酱汁再度滚起后，盖上锅盖。这时火不要太大，否则锅边会因酱浓而烧焦。滚煮几分钟后，小心翻面，注意不要弄破鱼皮或折断鱼鳍、鱼尾等较脆弱的部位。

4 照片中这样大小的比目鱼约要煮15分钟，时间的长短请以你买到的大小来调整。鱼皮本身因为有胶质，煮出的酱汁自然就有浓稠度，等两面都熟后，放入姜丝再滚一下就可起锅。

一点小叮咛 中国菜向来都把姜作为除腥臭之用，这和日式煮鱼以姜来调味有些不同，但你可以根据姜在当季的味道与自己的习惯来决定。

Basic Recipe
🍴 材料

比目鱼（或其他海鱼）1只（照片中这只约20～25厘米大）

酒100毫米

味醂50毫米

酱油40毫米

砂糖1小匙

水50毫米

姜丝

鲜鱼味噌汤

用来煮汤的鱼一定要够鲜甜，所以不必在汤中再加上一堆柴鱼花。
鱼本来就有自己特别的滋味，每样都交叠柴鱼味，其实是干扰而非
帮衬。

Basic Recipe

材料

如果不是用整条鱼，就用大
鱼的鱼头剁块（石斑鱼、鲥
鱼或鲑鱼也很适合）

洋葱1/4个

嫩豆腐

大白菜或小白菜

菇类1~2种

青葱

味酥

味噌（因品牌太多，请参考
你所买的种类，按照标签建
议用量来取用）

味噌虽起源于中国，却发扬光大于日本、韩国。谈海鲜若少了味
噌是很可惜的事，所以我特别加入这则食谱。用来煮汤的鱼一定
要够鲜甜，所以不必在汤中加上一堆柴鱼花，这就和有时在餐厅
吃生鱼片，店家强调给的酱油是"鲣鱼酱油"一样不合情理。鱼
本来就有自己特别的滋味，每样都交叠柴鱼味，其实是干扰而非
帮衬。

味噌煮鱼可自成一锅，但即使是作为一餐主体的锅，也不要拉拉
杂杂地加入过多的食材，这会可惜了味道的黄金比例。"多"反
映的未必都是丰富与层次，有时也会变成累赘；我曾看过商业广
告说某某家的汤头是用六十几种中药熬煮，真不知这么多味道要
如何彼此协调，我们的味蕾又要如何消受。

除了西京味噌之外，市面上供应的味噌一般都偏咸，用量要以自
己使用的种类为考虑。味噌汤的甜味可用洋葱来加强，不要都用
糖，所加的蔬菜和鱼的甜味当然也会有贡献，要以总体的味道作
为平衡的考虑。

腥味不重的鱼煮汤才好，尺寸大小皆宜，如果买的是大鱼，我喜
欢鱼头多过鱼肉。头部胶质多、质地复杂，煮出的汤也自然更浓
稠。味噌不应久滚，所以用涮涮锅的方式慢慢煮味噌，其实并不
合适。

做法

1 洋葱切丝，先滚煮15分钟，再分次加入大白菜、鱼块、豆腐、菇与1匙味醂。

2 等所有食材都熟透，再调入已用水软化的味噌。调整味道，最后撒上青葱粒，就可上桌。

生鲑料理2式

生鲑鱼沙拉 / 生鲑亲子丼

鲑鱼的油脂很多，以生鱼片入口时，油脂的感觉是柔滑的，但炙烤之后，
脂变成了油而流出鱼肉，若没有一点饭托底，油的好处就无法被完全领受。

台湾虽然不产鲑鱼，但从加拿大与日本冰袋冷藏进口的整只银鲑很新鲜，从切开的鱼肉中就可以看到油花的分布，做成生鱼片时，虽尚未入口，通常一眼也能判断出质量的高低。

如果你能买到够新鲜的生鲑鱼片与鲑鱼卵，可以同时试试这两道材料完全相同，但一冷一温的料理。鲑鱼的油脂很多，以生鱼片入口时，油脂的感觉是柔滑的，但炙烤之后，脂变成了油而流出鱼肉，如果没有一点饭来托底，油的好处就无法被完全领受。所以，炙鲑鱼做成握寿司或做成丼，的确是很好的安排。

这里所用的喷枪，在五金行都买得到，无论做焦糖类的点心或表面烧炙的料理，因为有了这样一支三百多块的工具，许多家制的料理即使没有专业厨房的设备，也可以加分。若真的不想买喷枪，请在锅子里干烤一下，锅子热了之后再下鲑鱼，绝不能用油，鱼片一贴锅出油时就翻面，另一面加热后马上起锅。

生鲑鱼沙拉

做法

1 把洋葱切成很细的丝，然后泡水。如果怕呛鼻味，请换几次水，处理完后沥干备用。

2 把生菜都洗净，用手撕成碎片后拌入调好的酱汁。

3 在盘上摆好生鱼与沙拉，再淋上鲑鱼卵。

Basic Recipe

材料

新鲜度可生食的鲑
鱼（每人份约3片）

鲑鱼卵（每人约1大匙）

洋葱（半颗约可做6
人份）

生菜（劳拉、洋齿、
小茴香、萝卜缨、香
菜等）

酱汁

绿橄榄少许

盐1/4小匙

糖1茶匙

柠檬汁2大匙

橄榄油1大匙

239

材料（1人份）

鲑鱼腹4片（因为炙的部位最好油脂丰富，所以如照片中所示的鱼腹是最好的选择）

鲑鱼卵1大匙

青紫苏叶2片

饭的淋酱

酱油1茶匙

味醂1/2茶匙

开水1大匙

生鲑亲子丼

🥄 做法

1 把4片鲑鱼腹中的2片用喷枪两面烧炙。

2 在盛好的饭里均匀淋上酱汁，开始排列所有食材。请参考照片，但你很可能会排出比我所规划更美的碗中剧场。

食材小常识 常常与鲑鱼或鲑鱼卵搭配的香料植物，东西有别。西方用的是"小茴香"（如照片中左侧），在台湾又叫"客家芫荽"，香味十分特别，我觉得它跟鲑鱼在一起，真会让人想起无论是人或食材都可能彼此协调的美好，只能用"绝配"来形容。然而，这绝配之感得在完全西方的情境下，才会让人有深刻的感受，它不能有"酱油"同在。如果鲑鱼来到了东方，自然有更好的才子配佳人，那就是【生鲑亲子丼】所用的绿色叶片"青紫苏"（如照片中右侧），它的日文汉字写作"大叶"，非常青香。

干煎鳕鱼

所有冰冻的鱼，煎之前一定要完全解冻，否则在煎的过程中很容易出水。
油不用太多，火不要过大，记得盖一下锅盖，是基本的三个小诀窍。

鳕鱼的品种很多，市场上有些是切好后以冷冻的状态出售，也有些是当场现切成片供应。
买冷冻片时要小心别买到回冻的商品，食物最忌讳为了陈列而进进出出于不同的温度
中——不只是鲜度的问题，质地也会在冷冻与退冰的反复中，一再失去本有的水分。

我常常看到许多人为了把鱼煎成一大片而愁眉
苦脸。鱼的大小与家中的锅子不相上下，挤挤
挨挨、小心翼翼地顾得了这里，管不了那里，
心里只埋怨着为什么没有一只大锅。这则食谱
练习是为了提醒你，不需要想着买大锅，你尽
可以把鱼切小的。当你觉得总是很难成功煎好
一整片很大的鱼块时，就把整块鱼片切成较小
的块状，这样不但方便操作，也可以有更漂亮
的摆盘方式。

另外要提供的想法是，像鳕鱼这样水分较多的
鱼类，可以在表层薄薄打上一层粉，一方面可
以避免鱼肉水分的流失，另一方面增加风味；
或是以面粉与蛋为它创造一层"皮"，因为蛋
很容易着香，就可以为质地细但不是有特别风
味的鳕鱼增添一点不同的情调。

所有冰冻的鱼，在煎之前一定要完全解冻，否
则在煎的过程中很容易出水。你可以为鳕鱼裹
上不同的外衣，再入锅来煎，只要是比较清淡

的白肉鱼，都可以应用这种烹调概念。以下是提供给你的三种建议：

1. **在下锅前抹上一点盐。**
2. **以盐调味后直接裹上一层太白粉。**
3. **以盐调味后先裹上一层低筋面粉，再裹一层全蛋蛋液。（工序如上面照片左一至左三所示）**

虽然裹上不同的外衣，但它们的煎法都是相同的（在上面最右侧的照片中，左边是裹蛋液的鱼块，右边则是只有抹盐的鱼块）。油不用太多，火不要过大，记得盖一下锅盖，就是主要的三个小诀窍。不要担心盖上盖子皮会不酥，掀开锅盖后那段再度加热的时间，还是会使皮再度酥脆。但如果不加盖，厚一点的鱼片中心可能就不够熟，尤其裹着蛋液的那一块，很可能皮都微焦了，骨却还未熟透。

让表演更出色

○ 煎起来的鱼不应摊平在盘中。切块的好处在于可以彼此架构出透气的空间，以排出热气，让两面都保持较酥脆的状况，否则焖着的一面不但会湿烂，还会释放腻着油的水气，在鱼翻面时让人觉得扫兴。

○ 裹太白粉煎的鳕鱼，可以蘸西红柿酱吃，这是小朋友很喜欢的一道菜。

蒜味蛤蜊汤

在摊上买蛤蜊时，不要贪大，壳大可不一定肉肥。
蛤蜊与蒜头的味道十分相合，这样的清汤把蛤蜊鲜甜的一面保留得更好。

我们小时候都叫作"粉尧"的蛤蜊，一般与冬瓜姜丝或丝瓜姜片一起煮汤。蛤蜊与蒜头的味道其实非常相合，我觉得这样的清汤，把蛤蜊鲜甜的一面保留得更好，可以多用于家常菜单。

蛤蜊虽是台湾很常见的贝类，但只栖息在沙质海地，所以我小时候其实很少在餐桌上见到，因为粉尧是从"西部"运来的，而母亲觉得当地的物产最好。好玩的是，对西部人来说颇为高贵的食材"九孔"，倒是我们在台东家乡很常见的。下午常有些水性好的大孩子去"潜九孔"，他们会把当天所获想办法挨家挨户去兜售，网中有奇奇怪怪、动与不动的活物。

这些男孩的特征是全身滴水，脸上蛙镜痕深陷（这种男孩我们班上就有几个），现在的人很难想象，那就是我们那个年代，也是在我们这样的渔村才有的"打工"法，自食其力、有勇有谋。有一次，有个男生跟我们兜售一小堆"倒退噜——旭蟹"，爸爸很喜欢，买了好几只，但这蟹实在小，那晚口舌手指在蟹身的"轻隔间"中忙了老半天，至今我还牢牢记得。

在摊上买蛤蜊时，不要贪大，壳大可不一定肉肥。现在摊上卖的蛤蜊多半已吐好沙了，马上就能下锅，买的时候可以再问一下，如果回家还需要泡盐水，一般以千分之二的浓度为参考标准，经过一个小时的吐沙后就可以调理了。

做法

1 蛤蜊刷洗干净。

2 整颗蒜头剥皮，轻压至破但不要碎，尽可能保持整颗的感觉。

3以多少人喝汤来决定用水的总量。在锅中用这些水先滚煮蒜头至出味，再倒进一点酒，然后放入蛤蜊，等蛤蜊一打开就起锅。

4在此之前都先不要调味，直到蛤蜊都打开，尝了汤的味道，再决定要不要加一点盐。同样的做法，也适合料理田鸡和蚬。

Basic Recipe

材料

蒜头

蛤蜊（每人份大概准备蒜头2～3颗，蛤蜊大的6～8颗，小可至10颗）

酒

酱炒海瓜子

海瓜子一定要买活的，看到整盘斧足都没有伸出壳外的，千万不要买，
轻轻空空的更不要拿。一只死的海瓜子真能害你丢掉一整锅菜！

海瓜子的别名是"山瓜子"，台湾南部沿海有产，壳很薄、肉很甜，与厚壳的文蛤风味极不相同。我的家乡成功虽是渔港，但因海岸地形的关系，并没有产虾贝，不知道是不是出于这种缺憾，我特别爱好贝类，喜欢所有的软件海鲜。直到去曼谷住了七年，才知道泰国的海瓜子多到还拿来干燥当小零嘴吃。但泰国的海瓜子其实没有台湾的好吃，腥味较重，体型也比较瘦小。

台湾市场上现在的海瓜子供货，有一大部分来自内地，质量良莠不齐。买海瓜子一定要买活的，看到整盘斧足都没有伸出壳外的，千万不要买，轻轻空空的更不要拿。店家很可能看你不懂就告诉你它们正在睡觉，这时你一定要固执一点，只带着清醒的一批回家。一只死的海瓜子真能害你丢掉一整锅菜，这时才想起老鼠屎与粥的故事，真的已经太慢了！

很多人觉得在家很难做好贝类料理，这是心理障碍，也是工法不够清楚时的迷思。4分钟就能把这样一盘料理做出来，但你一定需要

一个锅盖来把温度留住，而不是想着餐厅那大油大火的条件。

我也想跟大家分享一件小事，光是活的贝，也有不够好的时候，那就是虽然新鲜，但体态不够丰腴。有时候不只是季节不对，也可能是因为当日没有售完，在没有食物的环境养着、养着，也就瘦了。

做法

1 贝类洗净后沥干。

2 如果不希望太辣，可以把红辣椒对剖后刮掉籽，再切成大斜片，蒜拍切成粗粒，葱切段，姜切粗丝。

3 把所有的酱先调在一起，太白粉水先不要加入。

4 在锅中热油后放入所有的配料，翻炒几下出香味后就倒入贝类，紧接着放下已调好的调酱。

5 翻覆均匀后，盖上锅盖，约2分钟后掀开，贝类多数已开，再翻拌一下。

6 壳全开后，贝肉的水分也释出，这时偏斜锅子，让汁液集中于一方，然后倒入粉水，快速搅动、勾芡，把所有的贝类与看起来较浓的酱大拌一次后，立刻起锅。

Basic Recipe

材料

花蛤或海瓜子1斤（拍照时市面上刚好没有海瓜子，以花蛤代替，也可以是蛤蜊）

姜

蒜头

红辣椒

葱

太白粉1/4小匙（1：1调成粉水）

调酱

酱油1/2大匙

黑醋1/2茶匙

糖1/3茶匙

酒1/2茶匙

香油少许（也可省略）

软壳蟹沙拉

烤过的软壳蟹很香，不需要太多的佐料，
搭配少量生菜沙拉再淋上一点酸甜酱，就是很理想的前菜或下酒菜。

Basic Recipe

材料（2~3人份）

软壳蟹2只

各式生菜少许

酸甜酱

蜂蜜1大匙

柠檬汁3大匙

辣椒碎

蒜头碎

鱼露1茶匙

在曼谷居住那七年，我很常买软壳蟹。泰国的软壳蟹多数从缅甸而来，以半打或一打等不同只数的包装在超市流通，对家庭采购来说很适量，因此我在那段时间有充分取材练习的机会。

软壳蟹是螃蟹刚脱壳后的状态，节肢动物在成长阶段必须换壳，但脱壳已耗尽体内所积蓄的蛋白质和脂肪，这时它们是非常脆弱的，很容易受到攻击，连同类都可以是敌人，如果没有安全的躲避处，就会被硬壳蟹吃掉。

久而久之，人们懂得要把准备脱壳的螃蟹分隔开来，以阻止捕获物的损失，也开始有渔民专营软壳蟹的处理。他们将刚刚脱壳完的蟹放入冰水中，立刻冷冻送到市场作为食材，减少了过去因为缺乏照顾管理的损失，也创造了新的食材市场。

开始脱壳的螃蟹为了要撑起如凝胶状、薄薄的外壳，而大量吸收水分，又因此时体力的耗尽与新壳的尚未长全，这个阶段的螃蟹没有肉质的口感可言。吃软壳蟹绝非为了它鲜甜的肉质，而是因为甲壳类动物身上有很多甘氨酸，即使在较低的温度下也会产生褐化的香味，所以一般软壳蟹多以油炸或烤的方式来处理，而非清蒸。

虽然没有硬壳螃蟹的鲜甜与肉质，但炸或干烤的软壳蟹真的很香，所以我觉得不要用太多的佐料来作为搭配，喧宾自然夺主。像香港避风塘或台湾盐酥这类做法，因为辛香配料都太浓厚，反

使软壳蟹自己的香味被掩盖了，所以我还是喜欢用干烤或薄粉浅炸，只配少量生菜沙拉再淋上一点酸甜酱。这样的菜适合做前菜或下酒菜，小分量浅尝即止，太多也就腻了。

🥄 做法

1 软壳蟹退冰后，用剪刀把腮剪干净，清洗后尽量沥干。

2 在干锅中两面烤香软壳蟹，螃蟹水分很多，请放心不会烤焦。当水分散尽，螃蟹可以轻易脱离锅底时就熟了。

3 进行最后的摆盘、淋酱，即可上桌。

图书在版编目（CIP）数据

回到餐桌，回到生活 / 蔡颖卿著 . -- 北京：北京时代华文书局，2018.2
ISBN 978-7-5699-2039-0

Ⅰ . ①回… Ⅱ . ①蔡… Ⅲ . ①饮食—文化—中国 Ⅳ . ① TS971.2

中国版本图书馆 CIP 数据核字（2017）第 314901 号

本书由大块文化出版股份有限公司经由明洲凯琳国际文化传媒（北京）有限公司授权北京时代华文书局有限公司独家
在中国大陆地区出版简体字版，发行销售地区仅限中国大陆地区，不包含香港澳门地区。

回 到 餐 桌 ， 回 到 生 活

HUIDAO CANHUO HUIDAO SHENGHUO

著　　者｜蔡颖卿

摄　　影｜Eric

插　　画｜Pony

出 版 人｜王训海

选题策划｜陈丽杰

责任编辑｜陈丽杰　袁思远

封面设计｜董茹嘉

版式设计｜孙丽莉

责任印制｜刘　银　訾　敬

出版发行｜北京时代华文书局 http://www.bjsdsj.com.cn
　　　　　北京市东城区安定门外大街 138 号皇城国际大厦 A 座 8 楼
　　　　　邮编：100011 电话：010-64267955 64267677

印　　刷｜北京富诚彩色印刷有限公司　010-60904806
　　　　　（如发现印装质量问题，请与印刷厂联系调换）

开　　本｜787mm×1092mm　1/16　印张｜16　字数｜240 千字

版　　次｜2018 年 3 月第 1 版　　印次｜2018 年 3 月第 1 次印刷

书　　号｜ISBN 978-7-5699-2039-0

定　　价｜72.00 元